Milanko Stupar
Slavica Stefanovic
Vitomir Vidovic

Decifrar o princípio da vida

Milanko Stupar
Slavica Stefanovic
Vitomir Vidovic

Decifrar o princípio da vida

A atividade cerebral para decifrar a razão da existência da vida e as etapas evolutivas que levaram ao desenvolvimento do órgão

ScienciaScripts

Imprint

Cover image: www.ingimage.com

This book is a translation from the original published under ISBN 978-3-659-82586-6.

Publisher:
Sciencia Scripts
is a trademark of
Dodo Books Indian Ocean Ltd. and OmniScriptum S.R.L publishing group

120 High Road, East Finchley, London, N2 9ED, United Kingdom
Str. Armeneasca 28/1, office 1, Chisinau MD-2012, Republic of Moldova, Europe
Printed at: see last page
ISBN: 978-620-8-20922-3

MILANKO STUPAR
STEFANOVIC SLAVICA
VITOMIR VIDOVIC

DECIFRAR O PRINCÍPIO DA VIDA

ÍNDICE

Prefácio

O genoma evolui através da aquisição de novos nucleótidos, da recombinação dos já existentes e de mutações "ambientais" ou "epigenéticas". A questão mais interessante é saber qual foi o primeiro nucleótido adicionado e como se integrou no ADN. Se o código genético for mais antigo do que a Terra, então há a possibilidade de especular sobre a panspermia. Resultados recentes sugerem que o código genético (em particular o ARNt) não pode ser mais antigo do que 3,6 (+/- 0,5) mil milhões de anos. Isto significa que a vida começou na Terra e evoluiu graças ao desenvolvimento contínuo do genoma.

A Terra primitiva estava coberta de água (ou apenas de água, o que é mais provável) e foi nesta água planetária que surgiram os primeiros sistemas bioquímicos, estando a vida celular bem estabelecida na altura em que as massas terrestres começaram a aparecer, há cerca de 3,5 mil milhões de anos. Mas a vida celular foi uma fase relativamente tardia da evolução bioquímica, precedida pelos polinucleótidos auto-replicantes que foram os progenitores dos primeiros genomas. Este foi, por sua vez, precedido pelo ácido tribonucleico e, antes disso, por uma forma semi-celular de metabolito de superfície. Pensa-se que os primeiros oceanos tinham uma composição salina semelhante à atual, mas a atmosfera da Terra, e consequentemente os gases dissolvidos nos oceanos, era muito diferente. O teor de oxigénio da atmosfera permaneceu muito baixo até à evolução da fotossíntese. É possível imaginar processos puramente geoquímicos que poderiam levar à síntese de biomoléculas poliméricas semelhantes às que se encontram nos sistemas vivos. É interessante que as moléculas de base que permitiram o desenvolvimento das primeiras semi-células eram produtos de degradação da glucose: gliceraldeído 3-fosfato e dihidroxiacetona fosfato.

A atividade da atmosfera primordial com CH4, NH3, produziu em solução aquosa, com descargas eléctricas, carboxílicos simples e aminoácidos, levando à origem heterotrófica da vida. Quase os mesmos resultados são possíveis numa atmosfera improdutiva com CO2, N2, Mas o fundamento da origem da vida na Terra está a dirigir-se para a Terra, ou seja, para a biblioteca mineral do aglomerado Ni-Fe-S. Ao traduzir esta reação em sistema genético primordial dá-se que a primeira proteína sintetizada tem de ser procurada entre as proteínas com cluster Ni-Fe-S bimodal (acetil-CoA sintase, cisteína dessulfurase, carbono monoxidase, feredoxinas. Muitas das oxidases associadas à membrana que catalisam a redução respiratória do O2 em água associam simultaneamente esta reação exergónica à translocação de protões através da membrana mitocondrial interna, nos eucariotas, ou da membrana celular, nos procariotas. Sto je jedan od dokaza razvoja mitohondrija na osnovu invaginacije cell membrane prokaryota. A citocromo oxidase estava presente no antepassado comum das arqueobactérias e bactérias. Assim, o metabolismo aeróbico é um processo mais antigo do que a fotossíntese oxigenada. No entanto, foi provado que o metabolismo aeróbico é possível num ambiente com um nível muito baixo de oxigénio, por exemplo, em bactérias fixadoras de azoto.

As condições físicas do mundo pré-biótico conduzem inevitavelmente ao aparecimento e ao tipo de forma de vida semicelular. Na Terra/nas suas proximidades, existem quatro elementos principais que impulsionam a biogénese: 1. terra (Fe, S, Ni, Mg, Mn...); 2. água (particularidade, temperatura, pressão); 3. ar (N, C, H, O...) e 4. fogo (distância do Sol e temperatura do suporte mineral). De acordo com estes quatro elementos, pode estabelecer-se a seguinte definição da origem da vida: "Polimerização aquática das moléculas essenciais de tricarbonato no suporte mineral a 100°C, a ~ 20m abaixo do oceano e montagem de uma membrana protetora conduzida pela luz". "Montagem de proteção de membranas conduzida pela luz" - porque a sequência fotossintética primitiva é utilizada para codificar a biossíntese dos lípidos de membrana. "20m abaixo do oceano" - porque as reacções bioquímicas no mundo Fe-S, (com uma pirite como suporte mineral) que conduzem à origem da vida são realizadas a 100°C e a uma pressão de 0,2 MPa. "Moléculas essenciais de tricarbonato" - fosfato de gliceraldeído e fosfato de dihidroxiacetona. Em harmonia com estes quatro elementos principais que guiaram a origem da vida e com a máxima: "quando o gene para o processo bioquímico existe, isso significa que a via de codificação está em fase avançada", o primeiro replicão de ADN pode ser estabelecido. Os genes do primeiro replicão de ADN têm de codificar: A) Replicação do ADN (incluindo a sequência ancestral comum para a primase arqueana, cdc6, recA, dnaG, kaiC); B) Montagem e funções das proteínas Fe-S (sequência ancestral comum para a respiração, fotossíntese, biossíntese de lípidos de membrana, fixação de azoto) e C) Sequências de ADN para o metabolismo dos hidratos de carbono.

A grande descoberta ocorreu em meados da década de 1980, quando se descobriu que o ARN pode ter atividade catalítica. Estas ribozimas podem ter uma dupla função catalítica e codificadora, ou uma ribozima pode ter sintetizado uma molécula codificadora; em ambos os casos, os aminoácidos estão ligados à molécula codificadora através de um pequeno ARN adaptador, o presumível progenitor do atual ARNt. Uma maior precisão na replicação teria permitido que os ARN aumentassem de comprimento, através da adição de ribonucleótidos, sem perderem a especificidade da sua sequência, proporcionando o potencial para propriedades catalíticas mais sofisticadas. Todo o ARN que conhecemos é produzido por proteínas. Nas polimerases proteicas modernas, os nucleótidos trifosfatados são adicionados à extremidade 3' do transcrito sem a participação direta da cadeia modelo. Em contrapartida, imagine-se que uma polimerase que começa na extremidade 5' produz um transcrito no qual a retranscrição pode começar quase imediatamente, minimizando a exposição do ARN de cadeia simples e evitando a auto-hibridação. Duas ribopolimerases a funcionar em tandem como dímeros poderiam tomar uma sequência de ribopolimerase como modelo e produzir uma nova ribopolimerase. Uma diferença na direção da transcrição pode também explicar porque é que o mundo do ARN teve de ser extinto. Quando a vida evoluiu para um sistema compartimentado, baseado no genoma, seria necessário haver uma quebra na transcrição para permitir a separação física das mensagens. Se as proteínas surgissem ao lado de tal sistema, adotando o papel "parasitário" sugerido por Freeman Dyson, aquelas que ganhassem alguma capacidade de sintetizar uma fita complementar não só criariam genomas que poderiam ser compartimentados em células, mas as fitas complementares se hibridizariam com a ribopolimerase, acelerando seu declínio. A origem das proteínas polimerases pode ter impulsionado a ascensão dos genomas celulares e o fim do mundo do RNA.

Uma questão interessante é a emergência do genoma de ADN primordial, ou como é que o mundo do ARN se transformou no mundo do ADN? A primeira grande mudança foi provavelmente o desenvolvimento de enzimas proteicas, que complementaram e substituíram a maior parte das actividades catalíticas das ribozimas. A transição para a catálise proteica exigiu uma mudança radical na função do protogeneoma do ARN. Em vez de ser diretamente responsável pelas reacções bioquímicas que ocorrem nas primeiras estruturas semelhantes a células, o protogenoma tornou-se moléculas codificadoras.

De acordo com este cenário, os primeiros genomas de ADN compreendiam muitas moléculas separadas, cada uma especificando uma única proteína e cada uma, portanto, equivalente a um único gene. A ligação desses genes nos primeiros cromossomas, que poderia ter ocorrido antes ou depois da transição para o ADN, teria melhorado a eficiência da distribuição dos genes durante a divisão celular. Mas, neste livro, a ideia básica é a existência de uma única linha evolutiva de células cujo genoma serve de base a todos os outros genomas. Neste primeiro genoma existe uma molécula de ADN com um único ADN multicodificante dentro de duas sequências terminais que codificam pelo menos três proteínas responsáveis pela divisão celular, proteção da membrana e produção de energia.

Mais tarde no desenvolvimento, a duplicação de todo o genoma pode resultar numa expansão súbita do número de genes.

A duplicação de todo o genoma ocorre quando uma célula replica o seu ADN normalmente, mas não o divide entre duas células resultantes. Neste caso, enquanto um gene desempenha a sua função designada, o outro fica livre para desempenhar uma nova função. Assim, essa célula evolui mais rapidamente. É o que acontece nos momentos importantes da evolução, como o surgimento de organelas, formação de novas espécies.

A segunda parte do livro refere-se à tentativa de explicar as razões da existência do ADN e da vida no Universo. Quatro forças são suficientes para explicar o funcionamento do Universo na física. Mas para as leis do mundo biológico e mental elas não são suficientes. Por isso deve ser introduzida a quinta força cujo portador de campo é o "mislion". Resultados preliminares indicam a presença do "mislion". Esta forma de pensar está ainda no domínio da filosofia. Mas o progresso da ciência tem uma influência profunda nas leis universais básicas que moldam o mundo. Muitos factos surpreendentes foram revelados até agora, pelo que se pode esperar tudo no futuro do ADN como uma das moléculas mais complexas, tanto quanto se sabe, em todo o Universo.

Agradecimento: *ao MSc Dragomir Lukac pelos esforços desinteressados durante o processamento do livro de computador.*

INTRODUÇÃO

Este livro é uma compilação de pensamentos baseados num sonho de infância. Nesse sonho corre um oito, o infinito matemático (∞). Após 40 anos de estudo e investigação nesta direção, num esforço para explicar o sonho, o sonho tornou-se finalmente realidade. A figura oito em genética molecular descreve dois círculos de ADN ligados entre si por um evento de recombinação que ainda não foi concluído. A explicação começou com uma figura oito (∞), passando pela origem do núcleo, mitocôndrias, plastídeos, o novo organelo ribossómico, a função da sequência de ADN não codificante humano, os estados quânticos do ADN, até se aproximar da verdade absoluta com o "mislion". Os principais protagonistas deste livro são as cordas, a água, o ADN e uma presumível nova astropartícula - o "mislion". No capítulo 2. a origem do núcleo e da mitocôndria será abordada com base em novos conhecimentos sobre o conteúdo genético e as sequências genómicas das arqueas. No capítulo 4. a origem da mitocôndria e dos plastídeos nas plantas com base na existência de linhas evolutivas únicas de genoma celular e mitoplastídeo como vestígio da evolução e duplicação do genoma arqueano. No capítulo 5, de acordo com o pensamento filosófico sobre a evolução futura e o sentido da existência da vida no Universo, foi previsto o novo compartimento ribossómico. Nas últimas décadas têm-se registado enormes progressos na tecnologia e nos resultados da Biologia, mas não existe uma teoria correspondente que explique e resuma logicamente essas conquistas. A teoria geral da evolução biológica tem de combinar todos estes resultados e que todas as previsões derivem dela, sem qualquer alteração, suplemento. Assim, o desenvolvimento de um novo organelo ribossómico (capítulo 5) e de uma célula cancerosa como resultado de uma evolução reversível (capítulo 3) é uma consequência da hipótese acima referida. Os capítulos 6, 7 e 8 são uma tentativa de explicar a razão da nossa existência. O desenvolvimento da teoria das cordas abriu um capítulo completamente novo e a forma de pensar em que estamos a viver. A estreita ligação entre o ADN, a água e as cordas, bem como as suas propriedades, conduzem à ideia de que a alma é o abrigo dos nossos pensamentos. Geralmente aceite, o raciocínio científico baseia-se na seleção natural darwiniana e na genética mendeliana, segundo a qual as mutações fornecem a matéria-prima para a evolução e a seleção natural fornece a direção das mudanças evolutivas. Atualmente, as coisas parecem diferentes. Para explicar o que se está a passar no mundo do ADN, é preciso consultar a mutação adaptativa e a evolução quântica em Biologia. Mas só a escolha do estado quântico correspondente pode explicar a evolução quântica. A escolha da superposição quântica correspondente, os multiversos quânticos, pode ser explicada pelo "mislion". Uma ligação estreita entre o ADN, a água e as cordas leva a pensar que existe uma entidade específica concebida que liga estes três objectos. Esta entidade não pode ser nem férmion nem bóson, mas algo terceiro, algo que faz a matéria negra e as cordas. Esta entidade pode ser chamada "**mislion**" (misliti = pensar)

ORIGEM DO NÚCLEO E DA MITOCÔNDRIA

A divisão do genoma procariótico ancestral em duas moléculas circulares de ADN de cadeia dupla, por recombinação genética, constitui uma base para a futura evolução separada do compartimento genético nuclear e mitocondrial. Este facto sugere uma origem monofilética da mitocôndria e do núcleo. O organismo presumido cujo genoma sofre recombinação genética tem de ser procurado entre uma arqueia aeróbica, não produtora de oxigénio, sem parede celular rígida, mas com uma membrana plasmática, provavelmente uma crenarchaeota contendo um gene funcional de bacterioclorofila sintase e histonas. Nesta proposta, a origem dos eucariotas ocorreu em três etapas. Primeiro, a forquilha de replicação pára e colapsa, gerando uma quebra no genoma do ancestral arqueano dos eucariotas. Em segundo lugar, a quebra da cadeia dupla foi reparada intergenomicamente por invasão de cadeias complementares. Em terceiro lugar, este genoma duplicado foi segregado em dois compartimentos por recombinação genética recíproca. Simultaneamente à recombinação genética, o cenário é realizado pela fissão aberrante da membrana interna que envolve esses dois compartimentos recém-formados.

2.1. ANCESTRAL ARQUEBACTERIANO DOS EUCARIOTAS

Os organismos são classificados, até agora, em três domínios e num dos seis reinos da vida. Estes reinos são Archaebacteria, Eubacteria, Protista, Fungi, Plantae e Animalia. Há a opinião de que as Arqueobactérias (Archaea) têm um antepassado em comum com os eucariotas, o que foi demonstrado por uma análise filogénica baseada na comparação de sequências de nucleótidos e aminoácidos, que mostra uma raiz arqueana profunda dos eucariotas (Woese et al. 1990.).

As Archaea e os eucariotas têm muitas caraterísticas comuns, nomeadamente a co-tradução obrigatória e a secreção de glicoproteínas ligadas a N, uma partícula de reconhecimento de sinal complexada com RNA 7S que contém um domínio de restrição da tradução, chaperoninas de oito subunidades, intrões de RNAt divididos por proteínas, histonas centrais (Cubonova et al, 2005), pequenas ribonucleo-proteínas nucleolares, exossomas, replicação semelhante, reparação, transcrição e processamento da tradução e maturação do ARNt (Schierling et al., 2002). Os genes de origem arqueana têm uma probabilidade significativamente maior de serem essenciais para a viabilidade eucariótica, são mais expressos e estão significativamente mais ligados e são mais centrais na rede de interação proteica eucariótica do que os de origem eubacteriana (Cotton e Mcinerney, 2010.). Este importante potencial dos genes derivados das arqueas sugere que estes genes podem ser o componente nuclear ancestral do genoma eucariótico. Estas conclusões são válidas, independentemente do facto de os genes terem uma função informativa ou operacional. Assim, e isto é muito importante, como veremos na nova teoria da evolução das mitocôndrias e dos plastídeos, muitas caraterísticas dos genes eucarióticos com homólogos procarióticos podem ser explicadas pela sua origem, e não pela sua função.

A teoria do endossimbionte propõe que as mitocôndrias e os cloroplastos se originaram como simbiontes bacterianos no interior de uma célula hospedeira com núcleo (origem exógena), em vez de se originarem no interior da célula (origem autógena). Um certo número de caraterísticas estruturais e bioquímicas partilhadas pelos organelos e pelas bactérias alimentou o argumento de que essas semelhanças poderiam refletir processos de formação de organelos que ocorreram através de uma série de eventos endossimbióticos bacterianos.

Estudos recentes forneceram informações que desafiam a visão tradicional baseada na endossimbiose em série de como a célula eucariótica e sua mitocôndria surgiram (Gray et al. 1999.). Os dados sugerem que os hidrogenossomas foram outrora mitocôndrias. No entanto, não havia provas que apoiassem o ponto de vista de que as principais enzimas dos hidrogenossomas (piruvato:ferredoxina oxidoredutase e hidrogenase) eram originárias do endossimbionte mitocondrial, tal como defendido pela hipótese endossimbiótica e hidrogeniótica para a eucariogénese (Embley, 2003). No entanto, estes dados levantaram uma nova possibilidade de o mitocôndrio se ter originado essencialmente ao mesmo tempo que o componente nuclear, o que apoiou a noção de uma origem monofilética do núcleo e do mitocôndrio. No entanto, há que ter em conta que passaram três biliões de anos após a origem da mitocôndria e que o genoma mitocondrial está a evoluir lentamente. Na altura do desenvolvimento da teoria endossimbiótica, pouco se sabia sobre a organização do genoma Archaeal e o seu conteúdo genético. Um dos obstáculos à justificação da teoria da "origem exclusivamente arqueana" dos eucariotas é a composição da membrana. Um estudo recente relatou a descoberta inesperada de *Ignicoccus*, o único género de arqueas conhecido atualmente que compreende células com uma membrana externa. Os exemplos dos *planctomicetos,* (Martin 2005), bem como o de *Ignicoccus* (Kupar et al. 2010; Rachel et al. 2002), em que o citosol está rodeado por duas membranas completas e distintas, indicam que um novo sistema de membranas pode surgir, surpreendentemente, *de novo* na evolução, pelo menos em procariotas. Todas as três espécies conhecidas do género *Ignicoccus* crenarchaeota não possuem paredes celulares rígidas.

Outra discrepância que separa as arqueobactérias das eubactérias e eucariotas é a diferença na estrutura dos lípidos da membrana; ou seja, éteres de isopreno versus ésteres de ácidos gordos e configurações de glicerol L versus D (Fig.1). Esta discrepância lipídica pode ser explicada partindo do princípio de que a via de síntese da membrana nuclear substituiu funcionalmente a via de síntese da membrana arquebacteriana. A via de síntese de isopreno das arqueas não foi substituída nos eucariotas, tendo sido mantida para a síntese de esteróis, caudas de quinona e fosfato de dolichol. No entanto, independentemente de a substituição lipídica ter ocorrido em eucariotas ancestrais ou em arqueobactérias ancestrais, a substituição lipídica ocorreu na evolução, pelo que a questão não é "se" ocorreu, mas "onde".

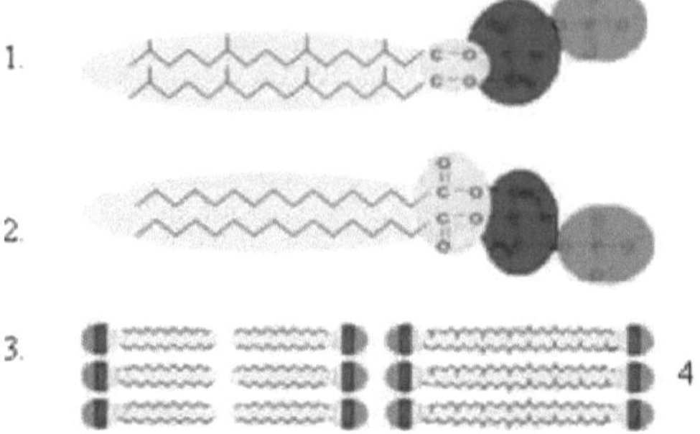

Fig.1. Estrutura da membrana. 1. um fosfolípido de origem arqueana com cadeias de isopreno, ligações de éter, uma porção de L-glicerol e um grupo fosfato. 2. um fosfolípido bacteriano ou eucariótico com cadeias de ácidos gordos, ligações de éster e uma fração de D-glicerol. 3. bicamada lipídica de bactérias e eucariotas, 4. monocamada lipídica de algumas arqueas.

Relativamente à evolução dos poros nucleares, estes podem ter surgido mais tarde na origem nuclear, o que é consistente com o padrão de eventos de duplicação aqui sugerido. Figura 2. Membrana nuclear simples com dupla camada.

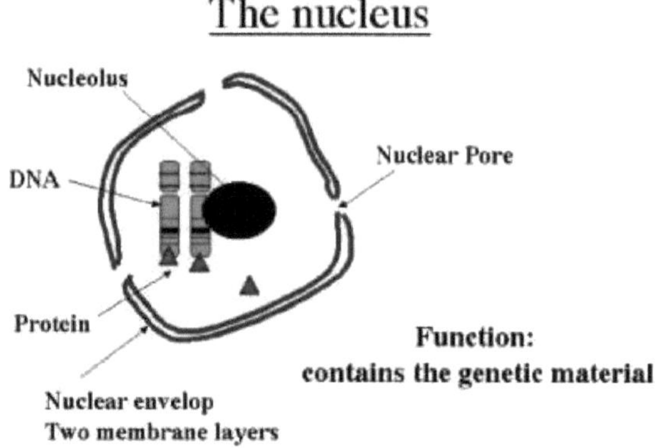

Fig. 2. O núcleo tem uma membrana única com dupla camada.

Outra surpresa foi o facto de, em *Ignicoccus*, os complexos ATP sintase e H2:enxofre oxidoredutase estarem localizados no lado interno da membrana externa. Estes dois complexos enzimáticos são obrigatórios para gerar um gradiente eletroquímico e sintetizar ATP. Há já algum tempo que se sabe que a ATP sintase das arqueas, a A1A0 sintase, é diferente da F1F0 ATP sintase encontrada nas eubactérias, mitocôndrias e cloroplastos (Lewalter e Muller, 2006). A A1A0 está evolutivamente relacionada com a ATP sintase V1V0 dos eucariotas. Anteriormente, supunha-se que estas enzimas tinham diferentes especificidades iónicas: Na+ para a F1F0 ATP sintase e H+ para a A1A0 ATP sintase. No entanto, as arqueias metanogénicas produzem dois gradientes iónicos primários: Na+ e H+, e ambos estão associados à síntese de ATP. Esta questão foi resolvida com a descoberta dos genes da ATP sintase F1F0 nas arqueias (Sumi et al., 1997; Saum et al., 2009; Muller et al., 2005). Foram encontradas ATPases com subunidades de rotor incomuns incorporadas na membrana em ambas as ATP sintases F1F0 e A1A0. A subunidade *c* do rotor das ATPases A1A0 é semelhante à subunidade c de F0. Surpreendentemente, foram encontradas subunidades *c* múltiplas nalgumas arqueas. As caraterísticas extraordinárias e a excecional variabilidade estrutural e funcional dos rotores das ATP sintases podem ter surgido como uma adaptação a diferentes necessidades celulares e às condições físico-químicas extremas no início da história da vida.

A estrutura celular de *Ignicoccus* é diferente da de qualquer procariota conhecido, mas muito semelhante à dos eucariotas. Estas caraterísticas sugeriam que uma espécie, *I. hospitalis*, era a principal candidata ao genoma ancestral eucariótico. No entanto, encontrámos outra surpresa nos estudos de sequenciação do genoma completo e do conteúdo genético das arqueobactérias.

Descobertas recentes em biologia molecular e novos estudos de sequenciação de ADN mostraram que as Archaea possuem os aparelhos genéticos para múltiplos tipos de atividade energética. Os genes que são frequentemente considerados centrais para o metabolismo estão amplamente distribuídos entre as Archaea. Estes incluem genes envolvidos na via glicolítica (Embden-Meyerhof-Parnas) (Ronimus e Morgan, 2003), no ciclo redutor do ácido tricarboxílico (Baliga et al., 2005), no ciclo redutor das pentoses fosfato (Soderberg, 2005), na via de Entner-Dudoroff (Canback et al, 2002), produção de H2 catalítica por Fe-hidrogenase (Kanai et al., 2003), assimilação de sulfato (Teske et al., 2003) e fixação de azoto (Chien e Zinder, 1996). Um antepassado comum das arqueas e eubactérias expressou genes para a citocromo oxidase, o que indica que o metabolismo aeróbio era possível num ambiente com baixos níveis de oxigénio (Castresana et al., 1994). Isto sugere que a respiração aeróbica era um sistema enzimático antigo, monofilético, que evoluiu antes da fotossíntese oxigenada. A Ribulose bifosfato carboxilase, a enzima central na fixação do carbono, está presente nos genomas das arqueas (Soderberg, 2005). O aparelho genético para a produção da cadeia de transporte de electrões (complexo I-V), que permite a fosforilação oxidativa, foi identificado na arqueia *Natromonas pharaonic* (Falb et al., 2005). Foram também identificados genes para a NADH-desidrogenase tipo II, a succinato desidrogenase, a oxidase terminal, a ATP sintase e o equivalente da citocromo C redutase. Além disso, estudos experimentais revelaram a existência de uma cadeia respiratória funcional nestas arqueias. Finalmente, as arqueas podem realizar fotossíntese baseada em carotenóides não produtores de oxigénio, porque possuem um operão fotossintético primordial (incluindo o gene para a bacterioclorofila a sintase) (Meng, 2009). Este operão foi a base para o futuro replicão fotossintético e para a fotossíntese das plantas. Não houve necessidade de colocar a hipótese de simbiontes eubacterianos adicionais ou de endossimbiose, porque as Archaea possuem todas estas funções. Archaea é um grupo fascinante e diversificado de organismos com raízes profundas que se sobrepõem às dos eucariotas. Por isso, é inteligente procurar a origem dos eucariotas neste grupo de microrganismos. O genoma evoluiu por aquisição de nucleótidos, mutação e recombinação genética. A duplicação de genes desempenha um papel importante na modelação dos genes. A duplicação do ADN e a segregação fiel dos cromossomas recém-replicados na divisão celular dependem frequentemente de processos de recombinação.

A duplicação de todo o genoma, seguida de uma perda maciça de genes e de especialização, tem sido desde há muito postulada como um poderoso mecanismo de inovação evolutiva. A duplicação genómica tem sido proposta como um caminho vantajoso para o progresso evolutivo, porque os genes duplicados podem fornecer matéria-prima genética para o aparecimento de novas funções através das forças da mutação e da seleção natural. Um exemplo típico de duplicação de todo o genoma é a levedura Saccharomyces cerevisiae. A principal evidência de que a duplicação desempenhou um papel vital na evolução de novas funções genéticas é a existência generalizada de famílias de genes. Os membros de uma família de genes que partilham um antepassado comum como resultado de um evento de duplicação são designados como sendo paralogues, distinguindo-os dos genes ortólogos em diferentes genomas que partilham um antepassado comum como resultado de um evento de especiação. Os genes paralogos podem ser encontrados frequentemente agrupados num genoma, embora também sejam comuns os paralogos dispersos, muitas vezes com funções mais diversas.

Um intermediário de kay na racombinação geral é uma estrutura em que duas moléculas de ADN de cadeia dupla estão ligadas covalentemente por um cruzamento de cadeia simples caraterístico de uma junção de Hollidy. Quando as moléculas de ADN são circulares, a estrutura recombinante tem a forma de um oito biparental. A maturação de moléculas em forma de oito em procariotas é caracterizada pela formação e recuperação de ambos os tipos, parental e recombinante. A figura oito biparental comporta-se como intermediários recombinantes que podem ser resolvidos em recombinantes maduros. Neste processo, a DNA girase interliga os círculos de DNA duplex e resolve os catenanos de DNA em monómeros componentes. A DNA girase relaxa o DNA superenrolado de uma forma independente do ATP. No domínio das

Archaea, a DNA girase é ocasionalmente encontrada, mas existe.

O facto de a replicação, a recombinação, a segregação cromossómica e a divisão celular estarem ligadas entre si, diz-nos que em tempos existiu uma sequência de ADN única que codificava todos estes processos, reflectindo uma antiga organização compacta do genoma. A modelação evolutiva destas sequências é a base para a separação funcional destes quatro processos. As caraterísticas procarióticas das mitocôndrias são o resultado da lenta taxa de mutação das sequências codificantes, ao contrário das regiões não codificantes do ADN.

O genoma mitocondrial não possui sequências não codificantes, como resultado da organização compacta do genoma, vestígio da organização compacta do primeiro replicão do pragenoma.

De acordo com a origem dos genes, podem distinguir-se duas vias metabólicas energéticas funcionais: (I) fixação do azoto, respiração e fotossíntese, e (II) metabolismo dos hidratos de carbono: glicólise (hexose), ciclo pentoso-fosfato e ciclo tricarboxílico. É difícil imaginar um antepassado arqueano de vida livre do primeiro proto-eucariota sem os dois grupos de metabolismos, exceto a fotossíntese.

A sequenciação de todo o genoma revelou vários casos em que os genomas procarióticos têm mais do que um replicão grande. Quando o segundo maior replicão se aproxima do tamanho do maior replicão, um cromossoma divide-se para formar um cromossoma secundário. Quando as moléculas de ADN são circulares, a estrutura recombinante assume a forma de um oito biparental. A maturação de moléculas de ADN em forma de oito em procariotas é caracterizada pela formação e recuperação de ambos os tipos, parental e recombinante. As estruturas biparentais em forma de oito comportam-se como intermediários recombinantes que podem ser resolvidos em recombinantes maduros (West et al., 1983). Neste processo, a DNA girase das arqueas resolve o DNA catenano em monómeros componentes (Krauzer e Cozzarelli, 1980). A DNA girase das arqueas também relaxa o DNA superenrolado de forma independente do ATP (Yamashiro e Yamagishi, 2005).

O genoma do antepassado arqueano dos eucariotas (AAE) pode estar organizado em dois replicões. A presença de dois replicões no AAE está correlacionada com a distribuição da maioria das funções de manutenção da casa no seu cromossoma. Ao nível da organização compacta do genoma, a recombinação/reparação, a replicação e a divisão celular foram reunidas funcional e fisicamente, porque evoluíram a partir de um único gene com múltiplas funções (sequência ancestral do recA, kaiC, dnaB...).

A recombinação evoluiu nos procariotas não só como um meio de troca de informação genética, mas também como um processo de reparação do ADN. A reparação recombinacional do ADN está associada à replicação, sempre que a replicação de reparação recombinacional bidirecional é iniciada em oriC, existe a possibilidade de a bifurcação ter encontrado uma situação que requer reparação. O gene ancestral comum

para herA, gene semelhante a dnm, ftsZ, ftsK, cdc6 de um lado e dnaG, recA, resT, do outro lado, foram codificados por uma única sequência de operão com dupla função: (dnaG +recA + resT) + (ftsZ + herA + cdc6). No presumível antepassado arqueano do primeiro proto-eucariota (AAE), este operão situa-se ao nível do oriC. Para permitir a polarização funcional, os genes que participam na produção de energia e no operão ribossómico com factores de alongamento são codificados pelo replicão "mitocondrial" e outros, genes de luxo, pelo replicão "nuclear", tal como acontece na *Nitrosomonas europea*, por exemplo (Chain, 2003.).
É possível que a simetria inversa bilateral seja um vestígio de parentesco entre metades cromossómicas, em que uma metade do genoma gerou a outra através de um evento de duplicação inversa antigo, de todo o genoma (Sanchez e Jose, 2002). A replicação bidirecional a partir de uma origem interna ocorre com dois monómeros de ADN que formam um dímero circular, cabeça-cabeça, cauda-cauda, ligado covalentemente no terC. Durante a duplicação de todo o genoma de um AAE, a forquilha de replicação pode fazer uma pausa e colapsar, o que pode causar uma quebra de cadeia dupla; a subsequente terminação da replicação bidirecional pode promover a compartimentação e não haveria geração de dois genomas filhos. A resolução em terC poderia continuar, após a quebra da cadeia, por invasão da cadeia e recombinação homóloga. Este tipo de duplicação de oriC para terC poderia explicar a compartimentalização do genoma AAE funcionalmente polarizado com subsequente recombinação genética recíproca ao nível de oriC (Stupar, 2006, 2007).

2.2. ORIGEM DO NÚCLEO E DA MITOCÔNDRIA

Aqui, propomos que a origem do núcleo e da mitocôndria se baseia na existência e desenvolvimento de uma única linha evolutiva de células, cujo genoma foi a base para a existência dos compartimentos celulares contemporâneos (nuclear, mitocondrial, plastídeos). Esta linha celular original possuía a infraestrutura necessária para o futuro aparecimento do compartimento do gene ribossómico. Este facto deu origem a uma evolução autógena de organismos independentes e de vida livre, ou seja, uma "origem apenas arqueal dos eucariotas".
A duplicação de genes desempenha um papel importante na remodelação genética e na substituição funcional de genes. Foi demonstrado que o último ancestral comum universal (LUCA) tinha cerca de 2.500 genes; portanto, após a duplicação, teria cerca de 5.000 genes. A duplicação de genes perturbaria a integridade do genoma LUCA duplicado, e o genoma teria inevitavelmente de ser dividido.
A duplicação do ADN e a segregação fiel dos cromossomas recém-replicados durante a divisão celular dependem frequentemente de processos de recombinação. Nos procariotas, a divisão celular ocorre por fissão binária, impulsionada pela formação do septo. A formação do septo altera estruturalmente o envelope, e a membrana interna torna-se intimamente ligada à parede celular e à camada externa da membrana (De

Souza e Gueiros, 2006). A rede de interações proteicas deve ser cuidadosamente ajustada, tanto no tempo como no espaço, para coordenar a geração correta e atempada de duas células filhas idênticas (Fig. 3. e Fig. 4.).

Mitochondrial division and segregation

No de novo formation of mitochondria

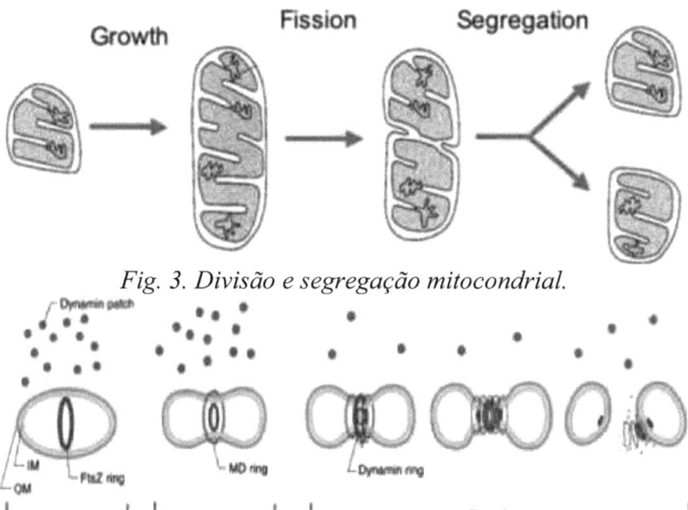

Fig. 3. Divisão e segregação mitocondrial.

Fig. 4. Modelo de divisão mitocondrial num eucariota primitivo. As membranas externa (OM) e interna (IM) da mitocôndria estão desenhadas a verde escuro e verde claro, respetivamente. A localização da FtsZ mitocondrial e da dinamina é indicada a azul e vermelho, respetivamente. As imagens do anel MD estão representadas com linhas pretas tracejadas. Na fase 1, o anel de FtsZ forma-se a partir do lado da matriz e o local de divisão é determinado. A dinamina está localizada em manchas citoplasmáticas. Após a formação do anel FtsZ, o anel MD aparece no lado citosólico da membrana externa. Na fase 2, os anéis de FtsZ e MD começam a constringir a mitocôndria. A dinamina não está envolvida na constrição inicial. Quando a mitocôndria se contrai o suficiente para se tornar tubular no local da divisão, a dinamina é recrutada das manchas para um espaço dentro do anel MD espessado e fora da membrana externa na primeira etapa da fase 3. Na segunda etapa, a divisão da matriz mitocondrial e da membrana interna está completa e a FtsZ é dividida para formar duas matrizes divididas, seguida pela fissão da membrana externa. À medida que a dinamina forma um anel ou uma espiral, a membrana externa é cortada. A dinamina adere então a um dos lados da mitocôndria filha e regressa às manchas no terceiro passo da fase 3. A situação era semelhante à da divisão da AAE.

Qualquer rearranjo, mutação ou alteração no tempo ou no nível de expressão dos genes que participam da formação do septo pode causar a separação das membranas interna e externa durante a fissão. Os genes ftsZ e dnm1-like não estão necessariamente coordenados quando são recrutados para o local da constrição; isso indica que as máquinas de divisão das membranas interna e externa não estão em associação estreita durante a fase tardia da divisão celular (Erickson, 2000). É provável que a adição de novas sequências de ADN, quer no replicão "mitocondrial" quer no replicão "nuclear", possa causar a fissão dramática de dois replicões; esta "adição" de novas sequências pode resultar da duplicação do genoma. A proteína dynamin regula a compressão da membrana e a fissão dos peroxissomas (organelos rodeados por uma membrana; Fujimoto et al., 2005). Assim, a membrana interna do AAE pode formar membranas externas proto-nucleares e proto-mitocondriais únicas do proto-eucariota resultante (antes da evolução das endomembranas e do endosqueleto do eucariota maduro).

Este cenário culminaria no ponto em que, por um lado, todo o genoma AAE é duplicado (com invasões de cadeias homólogas e recombinação recíproca) e, por outro lado, ocorreria simultaneamente a fissão celular parcial; assim, apenas a membrana interna sofreria invaginação e compressão. A resolução em terC, por invasão de filamentos, seria seguida pela resolução em oriC, que permaneceria ligada à membrana interna, provavelmente ao nível do mesossoma. Em seguida, dois pares de oriC na sequência repetida correspondente, provavelmente uma *sequência div* do tipo mt-telomere (Stupar, 2011; Vidovic e Stupar, 2010;

Stupar, 2008 a, 2008 b), permitiria uma recombinação genética recíproca para gerar dois genomas duplicados e funcionalmente separados.

O genoma do hidrogenossoma de *Nyctotherus ovalis* hibridiza com ADN genómico que termina numa repetição G3T4G3 (T4G4)5, que é muito semelhante à sequência do telómero (Akhamova et al., 1998). Esta sequência representa um bom candidato para a sequência div. Os tipos de sequências nos pontos de quebra e a sua sobreposição com o mapa de replicação sugerem que a duplicação espontânea pode ter resultado de acidentes de replicação. A reparação desta quebra de fita dupla dependente da replicação no genoma AAE poderia ser a origem do eucariota, o que se correlaciona com a existência das presumíveis sequências div (Stupar, 2007; Stupar, 2006; Stupar, 2003). Os telómeros mitocondriais poderiam desempenhar essencialmente os mesmos papéis biológicos que os seus homólogos cromossómicos; asseguram a replicação completa, ocultam as extremidades da maquinaria de reparação do ADN e protegem-nas da degradação exonucleolítica e/ou das fusões de extremidade a extremidade. Têm a mesma origem e podem ter resultado da sequência de ADN original.

Na etapa final, após a fissão do genoma, a invaginação da membrana interna poderia continuar e envolver cada um dos replicões separadamente. Assim, daria origem a dois

novos compartimentos. A membrana nuclear tornar-se-ia uma bicamada lipídica única e ininterrupta, com uma face externa e uma face interna, como vestígio da antiga invaginação da membrana interna da AAE que envolvia o replicão "nuclear".
A iniciação da replicação em Archaea ocorre através do carregamento da proteína de manutenção do minicromossoma (Mcm), que pode ativar a proteína do ciclo de divisão celular Cdc6. Na maioria das Archaea, o gene cdc6 está adjacente à origem da replicação. A exposição frequente a danos no ADN resulta em recombinação frequente e rearranjos genómicos. É possível que o início da replicação se tenha sobreposto a este rearranjo genómico. Se as sequências de repetição direta estiverem próximas ou na origem da replicação, isto pode levar à segregação funcional por recombinação genética, quando a capacidade máxima do pragenoma tiver sido atingida. A associação da replicação, da ativação do gene cdc6 e do rearranjo do pragenoma pode levar à separação do conteúdo genético "nuclear" do "mitocondrial".
A membrana nuclear é uma bicamada lipídica única contígua que tem uma face externa e uma face interna, como um vestígio da antiga invaginação da mambrana interna da AAE em torno do replicon "nuclear". Enquanto o aparecimento de poros nucleares, local onde a membrana nuclear contorna o canto que liga a superfície interna e externa, é apenas uma questão de natureza organizacional. O exemplo do crenarchaeon, *Ignicoccous*, indica que um novo sistema de membranas pode surgir *de novo* na evolução, pelo menos nos crenarcheaotes. Outro problema relativo à composição das membranas é a discrepância que separa as arqueobactérias das eubactérias e dos eucariotas (éteres de isopreno versus ésteres de ácidos gordos e a sua configuração em glicerol). A via de síntese do isopreno das arqueas foi mantida nos eucariotas para a síntese de esteróis, caudas de quinona e fosfato de dolichol, mas substituída pela via de síntese dos lípidos membranares eucarióticos, o que dá continuidade à transição das arqueas para os eucariotas.
A duplicação do ADN teve lugar no início da evolução, depois de a evolução por aquisição de nucleótidos ter terminado. A duplicação do ADN é um processo antigo e contínuo durante a evolução. Os tipos de sequências nos pontos de quebra, bem como a sua sobreposição com o mapa de replicação, sugerem que a duplicação espontânea resulta de acidentes de replicação e que a reparação desta quebra de cadeia dupla dependente de replicação no genoma da AAE pode ser a origem dos eucariotas, que se correlacionam com a existência de sequências div. Os telómeros mitocondriais desempenham essencialmente os mesmos papéis biológicos que os seus homólogos cromossómicos (asseguram a replicação completa, ocultam as extremidades da maquinaria de reparação do ADN e protegem-nos da degradação exonucleolítica e/ou de fusões de extremidade a extremidade) porque têm a mesma origem e resultam da sequência e processamento originais do ADN.
Os dados publicados sugerem que os hidrogenossomas foram outrora mitocôndrias.

Como os hidrogenossomas não têm genoma, com algumas excepções, a conversão é provavelmente unidirecional. Não existem provas que apoiem a ideia de que as enzimas chave dos hidrogenossomas: ferredoxina oxidoredutase (PFD) e hidrogenase tenham tido origem no endossimbionte mitocondrial (Embley et al. 2003.), tal como defendido pela hipótese do hidrogénio. Em contrapartida, nas archaea está confirmada a presença de ambos os genes. Se este for o caso, isso significa que a proposta acima está a caminho de se tornar uma boa proposta. Outros organelos derivados da mitocôndria foram agora descritos em eucariotas microbianos anaeróbios e parasitas, incluindo espécies que se pensava terem divergido antes da simbiose mitocondrial. Assim, parece possível que se venha a demonstrar que todos os eucariotas contêm um organelo de origem mitocondrial.

Uma das funções mais importantes da mitocôndria é a síntese de ATP (Fig. 5.), e montagem das proteínas Fe-S (Fig. 6.).

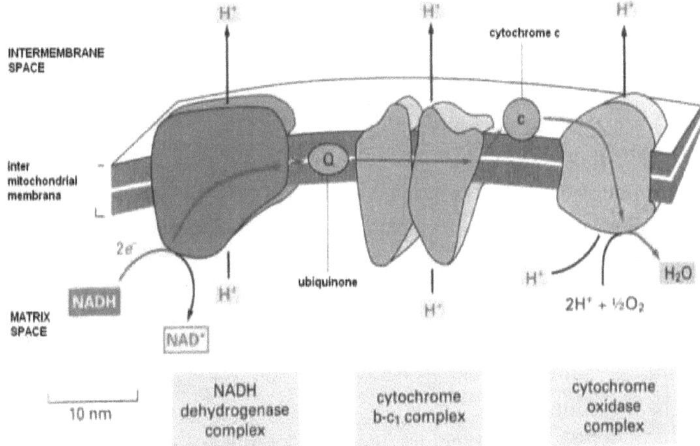

Fig. 5. A transferência de electrões através dos três complexos de enzimas respiratórias na membrana mitocondrial interna.

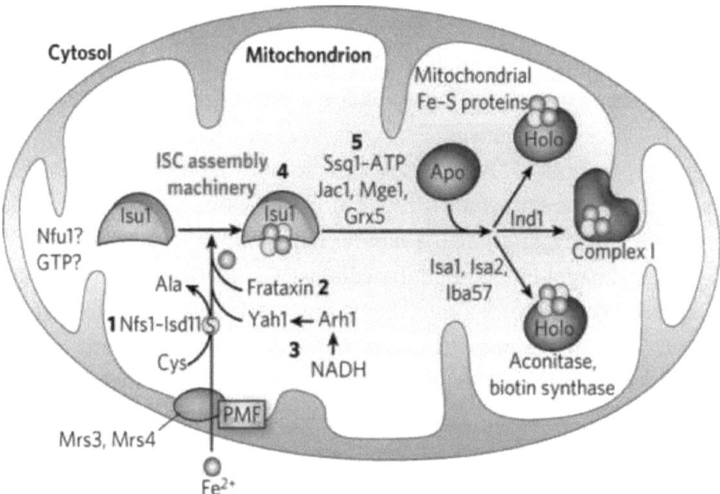

Fig. 6. As mitocôndrias importam ferro ferroso (Fe^{2+}) do citosol de uma forma dependente do potencial da membrana (com a força motriz dos protões (PMF) como fonte de energia). A importação é auxiliada pelos transportadores da membrana interna Mrs3 e Mrs4 (conhecidos como mitoferrina nos mamíferos). A maturação das proteínas Fe-S mitocondriais (para a forma holo) começa com a libertação de enxofre da cisteína pelo complexo cisteína dessulfurase Nfs1-Isd11. A síntese de um aglomerado Fe-S transitoriamente ligado à proteína de suporte Isu1 (e Isu2 na levedura) depende ainda da proteína de ligação ao ferro frataxina (Yfh1 na levedura) como dador de ferro e da cadeia de transporte de electrões constituída por NADH, ferredoxina redutase (Arh1) e ferredoxina (Yah1), que possivelmente fornece electrões para a redução do enxofre a sulfureto. A libertação do aglomerado Fe-S de Isu1, a sua transferência e incorporação em apoproteínas receptoras (Apo) são facilitadas pela chaperona Hsp70 dependente de ATP Ssq1, a co-chaperona Jac1 semelhante a DnaJ, o fator de troca de nucleótidos Mge1 e a glutaredoxina monotiol Grx5. As proteínas da família das aconitases e as proteínas SAM radicais, como a biotina sintase, necessitam especificamente de Isa1, Isa2 e Iba57 para a maturação dos seus aglomerados Fe-S. A montagem do complexo respiratório I também requer a NTPase Ind1 do laço P. Os papéis de Nfu1 e GTP ainda não são claros. (De: Roland Lill, Nature 460, 831-838, 2009.).

Lokiarchaeota, um novo filo Archaeal candidato que preenche a lacuna entre Archaea e Eukaryotes foi descoberto (Spang et al. 2015). A sua organização complexa inclui um dinâmico citoesqueleto de actina, transdução de sinais, transporte nucleocitoplasmático, tráfico vesicular, fagocitose, sequência de GTPases, presença de complexos ESCORT primordiais (componente essencial da via do endossoma multivesicular para a degradação lisossómica, processos de brotamento incluindo citocinese, autofagia e brotamento viral). Tudo isto não é surpresa para o objetivo deste livro. Várias das famílias de pequenas GTPases eucarióticas parecem partilhar uma ancestralidade comum com as GTPases lokiarqueais, sugerindo uma origem arqueana das pequenas GTPases eucarióticas. Este cenário contrasta com estudos anteriores que sugeriram que as pequenas GTPase eucarióticas foram adquiridas a partir do progenitor alfa-protobacteriano das mitocôndrias (Yutin et al. 2009). É muito interessante que neste manuscrito (Spang et al. 2015) não há nenhuma palavra sobre a produção de energia, o principal papel bioquímico das células!!! Estas descobertas põem em causa o cenário arqueozoário e simbiótico, bem como a hipótese do hidrogénio para a eucariogénese. A simbiose entre Archaea e Bacteria é um processo contenporâneo muito raro, antes da eucariogénese parece mesmo raríssimo. Relativamente ao trinómio de vida de Woese, este também falhou na questão, com a descoberta de Loki só restam Bactérias e Archaea (incluindo eucariotas) (Fig. 7.). Este esquema decorre da visão da Figura 24 que mostra o desenvolvimento global dos organelos e a árvore viva.

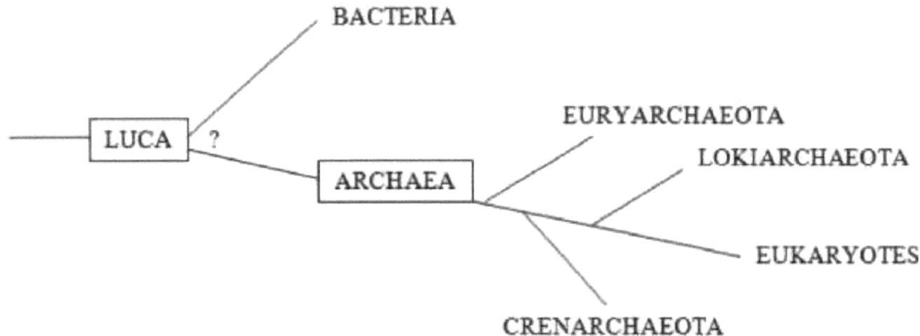

Fig. 7. Dois domínios da vida: Bactérias e Archaea (incluindo eucariotas).

A evolução do genoma de Lokiarchaea é uma harmonia orquestrada de replicones nucleares e mitocondriais. Mais uma vez, deve-se ter em mente que a força principal que impulsiona a evolução é a recombinação intragenómica, a duplicação do genoma/gene, a modelação e a substituição de funções das sequências de ADN dentro das células. Desta forma, a transferência horizontal, lateral, vertical e "diagonal" de genes no desenvolvimento tanto da mitocôndria como da fotossíntese, são excluídas.

A análise genómica comparativa e o progresso da metagenómica são apenas instruções colaterais sobre a forma de abordar o problema da evolução do genoma. A resposta correta é a tecnologia *in vivo* e a modelação do genoma. Nos próximos capítulos, será discutida a nova geração de metodologias para decifrar o papel do ADN.

Mais uma vez, a divisão do genoma procariótico ancestral em duas moléculas circulares de ADN de cadeia dupla, por recombinação genética, constitui uma base para a futura evolução separada do compartimento genético nuclear e mitocondrial. Este facto sugere uma origem monofilética da mitocôndria e do núcleo. O organismo presumido cujo genoma sofre recombinação genética tem de ser procurado entre uma arqueia aeróbica, não produtora de oxigénio, sem parede celular rígida, mas com uma membrana plasmática, provavelmente uma crenarchaeota contendo um gene funcional de bacterioclorofila sintase e histonas. Nesta proposta, a origem dos eucariotas ocorreu em três etapas. Primeiro, a forquilha de replicação pára e colapsa, gerando uma quebra no genoma do ancestral arqueano dos eucariotas. Em segundo lugar, a quebra da cadeia dupla foi reparada intergenomicamente por invasão de cadeias complementares. Em terceiro lugar, este genoma duplicado foi segregado em dois compartimentos por recombinação genética recíproca. Simultaneamente à recombinação genética, o cenário é realizado pela fissão aberrante da membrana interna que envolve esses dois compartimentos recém-formados (Fig. 8).

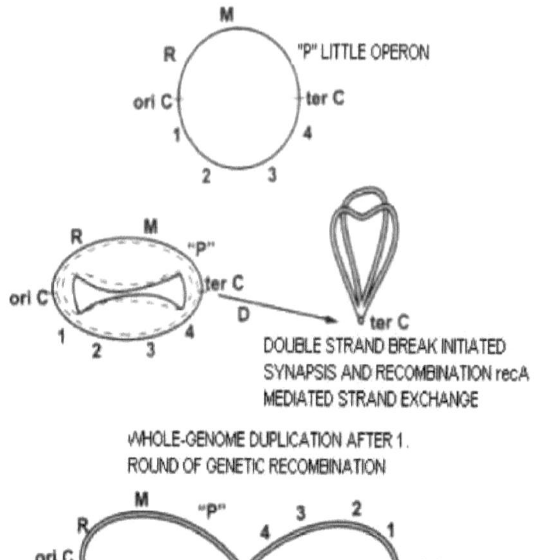

2. ROUND DE RECOMBINAÇÃO GENÉTICA COM INVASÕES DE ESTRELAS E RECOMBINAÇÃO GENÉTICA RECÍPROCA AO NÍVEL DO NÍVEL C_i COM INVAGINAÇÃO DA MEMBRANA INTERIOR

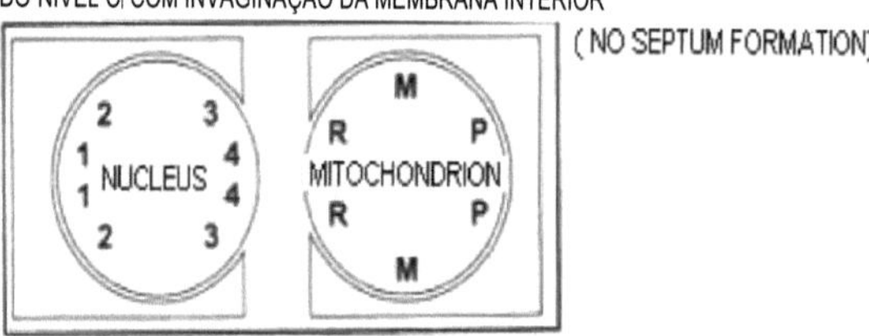

Fig. 8. Conjunto das etapas subsequentes que conduzem à cisão do genoma do antepassado comum eucariótico nos compartimentos nuclear e mitocondrial e à origem dos eucariotas. 1, 2, 3, 4 - diferentes operões no núcleo; M e R - diferentes operona mitocondrial, operão fotossintético P-primeiro.

2.3. REFERÊNCIAS

Akhamova A., Voncken F., Van Alen T., Van Hoek A., Boxma B., Vogels G., Veenhuis M., Hackstein J.P.H. (1998): A hydrogenosome with genome. Nature, 396: 527-528.

Baliga N., Bonneau R., Facciotti M.T., Pan M., Glusman G., Deutsch E.W. (2005): Sequência do genoma de : Haloarcula marismortui : Uma arqueia halofílica do Mar Morto. Genome Res., 14: 2221-2234.

Canback B., Andersson S.G.E., Kurtland C.G. (2002): A filogenia global das enzimas glicolíticas. Proc. Natl. Acad. Sci., 99: 6097-6102.

Castresana J., Luben M., Saraste M., Higgins D.G. (1994): Evolução da citocromo oxidase, uma enzima mais antiga que o oxigénio atmosférico. Embo J., 13: 2516-2526.

Chain P. (2003): Complete genome sequence of the amonia-oxidizing bacterium and obligate chemolithoauthotroph *Nitromonas europea*. J. Bacteriology, 185 (9): 2759-2773.

Chien Y.T., Zinder S.H. (1996): Clonagem, organização funcional, estudos de transcrição e análise filogenética dos genes estruturais completos da nitrogenase (nif HDK2) e genes associados na arqueia *Methanosarcina bakeri* . J. Bacteriology, 178: 143-148.

Cotton J.A., Mclnerney J.O. (2010): Os genes eucarióticos de origem arquebacteriana são mais importantes do que os genes eubacterianos mais numerosos, independentemente da função. PNAS.

Cubonova Lj., Sandman K., Hallam S.J., De Long E.F., Reeve J.N. (2005): Histonas em Crenarchaeota. J.Bacteriol, 187: 5482-5485.

Embley TM, van der Giezen M, Horner DS, Dyal PL, Foster P. 2003. Mitocôndrias e hidrogenossomas são duas formas do organelo fundamental sama. Philos Trans R Soc Lond B Biol Sci. 29 de janeiro; 358 (1429): 191-201; discussão 201-2.

Erickson H.P. (2000): Dynamin and FtsZ: Missing links in mitochondrial and bacterial division. J. Cell Biology, 148: 1103-1106.

Falb M., Pfeiffer F., Palm P., Rodewald K., Hickman V., Tittor J. (2005): Vivendo com dois extremos: Conclusões a partir da sequência do genoma de *Natromonas pharaonics*. Genome Res. 15: 1336-1343.

Fujimoto M., Arimura S., Tsutsumi N. (2005): Duas proteínas 3 relacionadas à dinamina de Arabidopsis, DRP3A e DRP3B, estão envolvidas na fissão mitocondrial e peroxisomal. ICPMB, 28 de maio - 2 de junho, Obernai, França.

Gray M.V., Burger Gertraud e Lang B.F. (1999): Mitochondrial evolution. Science, 283: 1476-1481.

Kanai T., Ito S., Imanaka T.J. (2003): Characterization of a cytolitic NiFe- hydrogenase from the hyperthermophylic archaeon *Termococcus kadakarensis* KOD1. J.Bacteriol, 185: 1705-1711.

Kellis M., Birren B.W., Lander E.S. (2004): Prova e análise evolutiva da duplicação do genoma antigo na levedura Saccharomyces cerevisiae. Nature, 428 (8): 617-625.
Krauzer K.N., Cozzarelli N.R. (1980): Formação e resolução de catenanos de DNA pela DNA girase. Célula, 20: 245-254.
Kupar U., Meyer C., Muller V., Reinhard R. Huber H. (2010): Membrana externa energizante e separação espacial de processos metabólicos na arqueia hipertermofílica *Ignicoccus hospitalis*. PNAS. 107 (7): 3152-3156.
Lewalter K., Muller V. (2006): Bioenergetics of archaea: mecanismos antigos de conservação de energia desenvolvidos no início da história da vida. Biochem Biophys Ata, 1757: 437-445.
Martin W. (2005): Archaebacteria (Archaea) e a origem do núcleo eucariótico. Opinião atual em Microbiologia, 8: 630-637.
Muller V., Lingl A., Lewalter K., Fritz M. (2005): ATP synthase with novel rotor subunits: new insights into structure, function and evolution of ATPases. J. Bioenergetics and Biomembranes, 37 (6): 485-460.
Rachel R., Wischony I., Riehl S., Hubert H. (2002): The ultrastructure of Ignicoccus: evidence for a novel outer membrane and for intracellular vestige budding in an arcfhaeon. Archaea, 1: 9-18.
Ronimus R.S., Morgan H.W. (2003): Distribution and phylogenesis of enzymes of the Embden-Meyerhoff-Parnas pathway from archaea and hyperthermophilic bacteria support a gluconeogenic origin of metabolism. Archaea, 1: 199-221.
Sanchez J., Jose M.V. (2002): Análise da simetria inversa bilateral em cromossomas bacterianos inteiros. Biochem. And Biophysic. Res. Commun, 299: 126134.
Saum R., Schegek K., Meyer B., Muller V. (2009): Os genes F1F0 ATP synthase em Methanosarcina acetovirans são dispensáveis para o crescimento e a síntese de ATP. FEMS Microbiol. Leet, 300: 230-236.
Schierling K., Rosch S., Rupprecht R., Schifer S., Marchfelder A. (2002): A maturação da extremidade 3' do tRNA em archaea tem caraterísticas eucarióticas: o RNasa Z de *Haloferax vulcanii*. J. Molecular Biology, 316 (4): 895-902.
Soderberg T. (2005): Biosíntese de ribulose-5 fosfato e eritrose-4 fosfato em Archaea: uma análise filogenética de genomas de arqueas. Archaea, 1: 347-352.
De Souza R.F., Gueiros F.J. (2006): Inferência de máxima verossimilhança do conteúdo gênico ancestral para o septossomo bacteriano. 14. Conferência Internacional Anual de Sistemas Inteligentes. Fortaleza, Brasil, 6 a 10 de agosto.
Span Anja, Saw J.H., Jorgenses S.I., Zaremba-Niedzwiedzka Katarzina, et al. (2015). Archaea complexa que preenche a lacuna entre procariotos e eucariotos. Nature Evolution. 14 de maio; 521(7551):173-179.
Stupar M. (2006): Os eucariotas surgiram após recombinação genética. Arch. Oncol, 14: 11- 14.

Stupar M. (2007): Os eucariotas surgiram após recombinação genética. Curso avançado da FEBS "Origem e evolução da mitocôndria e do cloroplasto". 24-29 de março, Acquafreda di Maratea (palestra convidada).

Stupar M. (2008a): Archaebacterial whole-genome duplication and origin of Eukaryotes. Nature Preccedings, http://hdl.handle.net/10101/npre. 2008.2 301.1.

Stupar M. (2008b): Nucleogénese e origem dos organelos. Arquivo de oncologia, 16: (3-4): 88-92.

Sumi M., Yodha M., Koga Y., Yoshida M. (1997): Genes F0F1-ATPase de uma archaebacterium, *Methanosarcina bakeri*. Biochem Bioph Res Co., 241: 427433.

Teske A., Dhillon A., Sogin M.L. (2003): Genomic markers of ancient anaerobic microbial pathways: sulphate reduction, methanogenesis and metane oxydation. Biol. Bull, 204: 186-191.

Vidovic V., Stupar M. (2010): Molekulska genetika. Poljoprivredni fakultet, Novi Sad.

West S.C., Countryman J.K., Howard-Flanders P. (1983): Formação enzimática de moléculas biparentais figura-oito a partir de DNA plasmídeo e sua resolução em *E.coli*. Cell, 32 (3): 817-829.

Woese C.R., Kandler O., Wheelis M.L. (1990): Towards a natural system of organisms: Proposta para os domínios Archaea, Bacteria e Eukaryota. Proc. Natl. Acad. Sci., 87: 4576- 4579.

Yamaschiro K., Yamagishi A. (2005): Caracterização da DNA girase da arqueia termoacidofílica *Thermoplasma acidophilum*. J. of Bacteriol., 187: (24): 8531-8536.

Yutin N., Wolf M.Y., Wolf Y.I. e Koonin E.V. (2009). As origens da fagocitose e da eucariogénese. Biol. DSirect 4, 9.

IMPLICAÇÃO DA HIPÓTESE

2.4. NOVA ABORDAGEM À INVESTIGAÇÃO DO CANCRO

Se a ontogénese recapitula a filogenia, então a cancerogénese capitula a filogenia. As células dos tumores pré-malignos e malignos evoluem por seleção natural (1, 2). O cancro é um exemplo clássico daquilo a que os biólogos evolucionistas chamam seleção a vários níveis: ao nível do organismo, o cancro é geralmente fatal, pelo que há uma seleção de genes e da organização dos tecidos que suprimem o cancro (3, 4). Ao nível da célula, existe uma seleção para aumentar a proliferação e a sobrevivência das células, de modo a que uma futura célula cancerosa tenha uma vantagem competitiva sobre as células que não adquiriram caraterísticas de cancro (5). Assim, a nível celular, existe uma seleção para o cancro.

São vários os tipos de alterações que ocorrem quando uma célula se torna oncogénica:

- proliferação celular, que se torna mais semelhante à das células procarióticas, em que as células tendem a crescer e a dividir-se o mais rapidamente possível, e a taxa de proliferação depende em grande medida da disponibilidade de nutrientes no ambiente;
- imortalização, uma propriedade de crescimento indefinido sem quaisquer outras alterações no fenótipo, tal como nas células procarióticas, a divisão é ilimitada;
- ocorre a perda da inibição de contacto, em que a sobrevivência e a morte celular normais, que devem ser reguladas por sinais de outras células do corpo combinados com programas intrínsecos à célula individual, são perturbadas de modo a que a célula cancerígena humana se comporte como uma célula procariótica individual;
- Ocorre a metástase, em que a célula cancerígena ganha a capacidade de invadir o tecido normal, afastar-se do tecido de origem, atravessar as paredes dos vasos sanguíneos capilares, como podem fazer as células procarióticas, e estabelecer uma nova colónia noutro local do corpo humano;

Observa-se um enorme consumo de energia, devido à presença de energia nas células cancerígenas afectadas.

Tudo isto apoia o facto de a atividade bioquímica das células cancerosas eucarióticas estar sujeita à influência da expressão de genes procarióticos. Existem duas classes de genes em que as mutações causam transformação: os genes supressores de tumores (antiproliferantes) e os oncogenes. Ambas as classes de genes humanos que causam cancro são de origem procariótica. O facto de existirem genes supressores de tumor diz muito sobre a evolução e a cancerogénese. Isto significa que o desenvolvimento das células eucarióticas contemporâneas foi sujeito à influência e seleção de genomas procarióticos herdados. O resultado desta seleção é o genoma humano atual que ainda contém o legado do genoma procariótico ancestral, que é ativado na oncogénese. Os oncogenes transportados pelos vírus de ADN especificam proteínas que inactivam os supressores de tumor. Os oncogenes transportados pelos retrovírus derivam de genes celulares (proto-oncogenes) e, por conseguinte, podem imitar o comportamento das mutações de ganho de função e dos proto-oncogenes animais. Numa célula diploide normal, existem duas cópias de cada gene supressor de tumor, e ambas as cópias do gene devem ser perdidas ou inactivadas para provocar a perda do controlo da proliferação, uma vez que uma única cópia é normalmente suficiente para a regulação normal do ciclo celular. Em contraste, apenas uma cópia de um proto-oncogene precisa de sofrer uma mutação para se tornar um oncogene para promover a cancerogénese.

O caso mais interessante, no que respeita à evolução molecular, é o dos retrovírus. Esta grande classe de oncogenes virais tem homólogos celulares, os proto-oncogenes, e em alguns casos a sua mutação ou ativação aberrante está associada à formação de tumores. Uma sequência celular (proto-oncogene) é capturada pelos retrovírus, subsequentemente modificada e introduzida no mesmo local do genoma criado pelo oncogene. O conceito de que os oncogenes surgem por ativação de proto-oncogenes é um paradigma importante para os cancros. Quando o vírus ancestral do sarcoma de Rous absorveu um gene do genoma da galinha, uma pequena porção do gene normal foi alterada e, consequentemente, a proteína cinase que codifica difere em vários aminoácidos da enzima normal na célula da galinha. Esta pequena diferença torna a enzima hiperactiva, de modo que as células que expressam *v-src* se tornam tumorogénicas (Fig. 9).

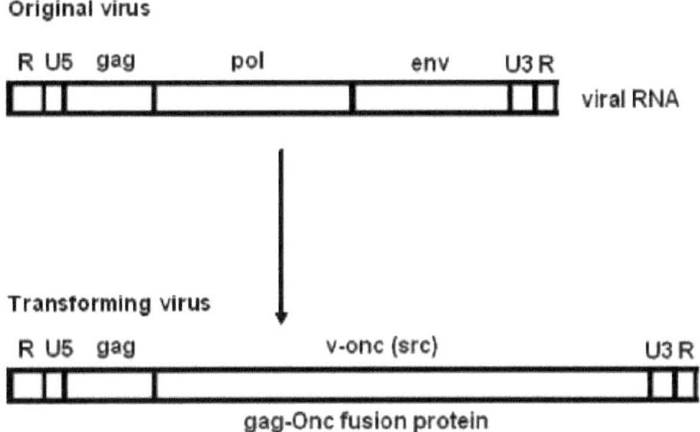

Fig. 9. Um retrovírus transformador transporta uma cópia de sequências celulares em vez de alguns dos seus próprios genes. gag= codifica uma proteína que é clivada e introduz várias proteínas mais pequenas que formam o capsídeo, pol= codifica uma proteína que é clivada para produzir transcriptase reversa e integrase, env= codifica proteínas do envelope, src= é um gene celular modificado que o vírus, "acidentalmente", retirou de uma célula hospedeira que infectou.

O transporte do gene do hospedeiro por vírus de ARN assemelha-se à transdução de genes bacterianos por bacteriófagos. Poucas perguntas surgiram depois disso:

- como é que o vírus "sabe" que deve tomar o gene de,
- como é que o vírus "sabe" qual é o gene exato que deve ser roubado,
- como é que o vírus "sabe" que precisa de alterar o gene,
- como é que o vírus "sabe" qual a sequência a alterar?

Neste caso, os vírus têm um papel "consciente" na transformação de células humanas em células procarióticas, neste caso arquebacterianas. Ver o capítulo 8 para uma possível resposta. Tudo isto sugere que as células cancerosas se comportam como células procarióticas. Portanto, o metabolismo das células tumorais retorna ao nível evolutivo sobreposto ao das células procarióticas. Afinal, a origem dos eucariotas foi um momento muito fortuito na evolução para que os vírus surgissem por recombinação genética e rearranjo de sequências. Se for possível descobrir a verdadeira natureza da cancerogénese, isso seria um pré-requisito para encontrar formas de erradicar a doença do cancro.

As figuras 10 e 11 mostram o aparecimento de mutações nas células cancerosas, ou

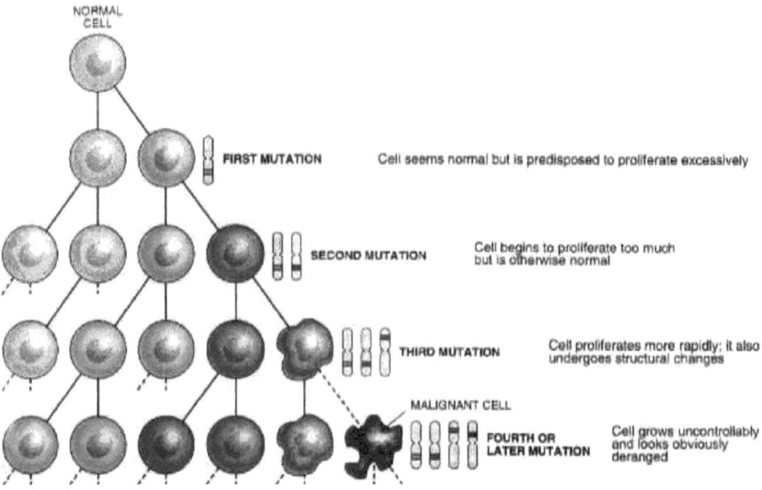

seja, a cancerogénese.

Fig. 10. Surgimento de uma célula cancerosa a partir de mutações de uma célula normal através do processo conhecido como evolução clonal. Primeiro, uma célula filha (rosa) herda ou adquire uma mutação promotora de cancro; este defeito é transmitido às gerações seguintes. Mais tarde, um descendente adquire uma segunda mutação (vermelho), e um descendente posterior adquire uma terceira (verde). Quando uma célula acumula um número suficiente de mutações (púrpura), pode tornar-se maligna e pode ocorrer cancro.

O caso mais interessante, no que respeita à evolução molecular, é o dos retrovírus. Uma grande classe de oncogenes virais tem homólogos celulares, os proto-oncogenes, e em alguns casos a sua mutação ou ativação aberrante está associada à formação de tumores. A sequência celular (proto-oncogene) é capturada pelos retrovírus, subsequentemente modificada e introduzida no mesmo local do genoma criado pelo oncogene. O conceito de que os oncogenes surgem por ativação de proto-oncogenes é um paradigma importante para os cancros. Quando o vírus ancestral do sarcoma de Rous pegou num gene do genoma da galinha, uma pequena porção do gene normal foi alterada e, consequentemente, a proteína cinase que codifica difere em vários aminoácidos da enzima normal na célula da galinha. Esta pequena diferença torna a enzima hiperactiva, de modo que as células que expressam *v-src* se tornam tumorogénicas (Fig. 24.).

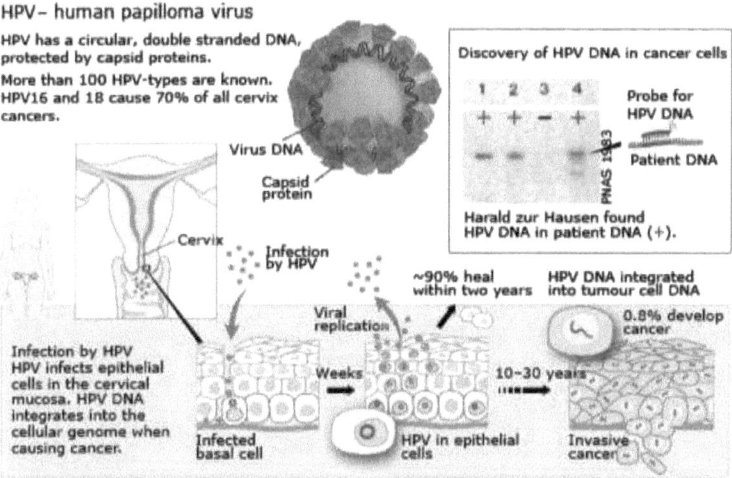

Fig. 11. O ADN do vírus do papiloma humano é integrado no genoma celular quando causa cancro (6).

A nova teoria (7, 8, 9, 14) da origem dos eucariotas baseia-se na existência e no desenvolvimento de uma única linha evolutiva de células, cujo genoma foi a base da existência dos compartimentos celulares contemporâneos (nuclear, mitocondrial, plastídeos). Isto deu origem a uma evolução endógena de organismos independentes de vida livre, ou seja, uma "origem apenas arqueal dos eucariotas". O ponto mais interessante desta evolução foi a separação do replicão mitocondrial do replicão nuclear (Fig. 8.). Todos os genes encontrados nos replicões dos organelos foram utilizados como base para o desenvolvimento futuro de todas as famílias de genes contemporâneas e dos próprios genes nas células humanas. O mesmo se aplica aos genes que se mantiveram inalterados desde o momento em que apareceram pela primeira vez no seu antepassado arqueobacteriano até aos dias de hoje; isto aplica-se especificamente aos genes cuja expressão aberrante conduz à cancerogénese.

CONCLUSÃO

A nível molecular, a bioquímica da célula humana afetada pela cancerogénese assemelha-se à de uma célula procariótica em termos de consumo de energia, de proliferação celular e de perda de inibição de contacto. Todas estas caraterísticas são o resultado de uma evolução inversa, na qual os genes para o funcionamento normal da célula desempenham um papel secundário em relação aos genes procarióticos que provocam o cancro e que minam o genoma celular humano. Este facto levanta uma questão interessante: Em que momento da evolução a célula eucariótica cancerígena retrocedeu? A resposta pode ser encontrada se se conhecer a origem do núcleo e da mitocôndria. De acordo com a teoria acima referida, estes tiveram origem no genoma ancestral das arqueobactérias. Durante a evolução, o genoma ancestral formou dois replicões, um dos quais correspondia ao genoma nuclear e o outro ao genoma mitocondrial. A divisão desses dois replicons, por recombinação genética, deu origem a duas organelas, uma nuclear e outra mitocondrial. Nesta proposta, a bioquímica e a genética molecular das células cancerosas eucarióticas coincidem com o aparecimento da célula proto-eucariótica após a separação de dois replicões arquebacterianos. Entendida desta forma, a bioquímica da célula cancerosa pode servir como um bom modelo para examinar a origem dos eucariotas.

A utilização de células cancerosas como modelo para estudar a evolução dos eucariotas (abordagem down-up) é interessante e frutuosa. A bioquímica e a genética molecular da célula cancerígena surgiram para dar respostas sobre a forma como a evolução das células cancerígenas ocorreu precisamente no momento em que os replicões nucleares e mitocondriais se dividiram e surgiram os eucariotas.

Neste momento, o equilíbrio desordenado (entre o metabolismo basal da membrana, a perda da inibição de contacto e a expressão aberrante de genes transmembranares - na verdade, futuros proto-oncogenes) e a divisão celular acelerada (por desencadeamento de genes antigos silenciados - também futuros proto-oncogenes) tiveram grande impacto no turnover energético provocando um enorme aumento da glicólise. No genoma arqueobacárico já foram encontradas sequências ancestrais comuns para onco-genes e genes supressores de tumores. Por exemplo, a presença de sequências de ADN homólogas ao oncogene v-myb foi encontrada no genoma de arqueas halofílicas e metanogénicas (10). Outro exemplo, a endonuclease associada à helicase para ADN estruturado em forquilha (Hef) é uma proteína arqueobacteriana que processa forquilhas de replicação bloqueadas e participa na via supressora de tumores (11). Relativamente aos onco-genes, foi utilizada a proteína quinase eucariótica para procurar proteínas quinase semelhantes às eucarióticas em procariotas. Esta pesquisa identificou proteínas cinase de tipo eucariótico nas arqueobactérias *Methanococcus vannielii, M. voltae* e *M. thermolitotrophicus* (12). Cerca de 22% dos domínios dos oncogenes têm a sua origem em arqueobactérias e uma parte substancial dos eventos de fusão de domínios dos oncogenes teve lugar em metazoários durante a evolução (13). Estes exemplos de domínios oncogénicos conservados confirmam a exatidão desta proposta. O estudo da expressão de grupos de genes, da transferência de genes (núcleo e mitocôndria) e da recombinação genética neste processo transitório, ou seja, a origem do núcleo e da mitocôndria, pode fornecer paralelos óbvios com a sucessão de eventos na cancerogénese, o que, por sua vez, pode facilitar o diagnóstico e o tratamento do cancro.

REFERÊNCIAS

1. Nowell PC. The clonal evolution of tumor cell populations (A evolução clonal das populações de células tumorais). Ciência 1976; 194:23-28.
2. Merlo LM, Pepper JW, Reid BJ, Maley CC. O cancro como um processo evolutivo e ecológico. Nat Rev Cancer 2006; 6: 924-935.
3. Cairns J. Mutation selection and natural history of cancer (Seleção de mutações e história natural do cancro). Nature 1975; 255: 197-200.
4. Pepper JW, Sprouffske K, Maley CC. Os padrões de diferenciação das células animais suprimem a evolução somática. PloS Comput Biol 2007; 3: 2532 - 2545.
5. Hanahan D, Weinberg R. The hallmarks of cancer. Cell 2000; 100: 57-70.
6. Stupar M. (1989): A presença do papilomavírus humano-16 no DNA do carcinoma cervical CaSki. Yugoslav Phisyol Pharmacol Ata, 25: 43-52.
7. Stupar M. Archaebacterial whole-genome duplication and origin of Eukaryotes Nature Preceedings, 2008a; http : //hdl .handle. net/10101 /npre2008.2301.1.
8. Stupar M. Nucleogénese e origem dos organelos. Arch Oncol 2008b;16: 8892.
9. Stupar M, Vidovic V, Lukac D, Strbac Lj. Ancestral arquebacteriano de eucariotas e mitocondriogénese. Biotech Mol Biol Rev 2012; 7: 84-89.
10. Perbal B, Kohiyama M. Existência de sequências homólogas ao oncogene V-MYB no genoma de atchaebacteria. C R Acad Sci III. 1985; 300: 177180.
11. Mosedale G, Niedzwiedz W, Alpi A, Perrina F, Pereira-Leal JB, Johnson M et al. O ortólogo de Hef dos vertebrados é um componente da via supressora de tumores da anemia de Fanconi. Natr Struct Mol Biol 2005; 12: 763-771.
12. Smith RF, King KY. Identificação de um gene de proteína quinase do tipo eucariótico em arqueobactérias. Protein Sci 2008; 4: 126-129.
13. Liu Q, Huang J, Liu H, Wan P, Ye X, Xu Y. Análise de domínios e fusões de domínios em proto-oncogenes humanos. BMC Bioinformatics 2009; 10:88: 1-16.
14. Stupar M. Presença do vírus do papiloma humano-16 no ADN do carcinoma cervical de CaSki. Yugosl. Phisyol. Pharmacol. Ata. 25: 43-52. 1989.

3.2. ALTERAÇÕES EPIGENÉTICAS DO ADN E TERAPIA COM CÉLULAS ESTAMINAIS

Resumo

Estamos a começar a compreender os processos biológicos fundamentais que estão na base das propriedades físicas do ADN. De particular importância é o domínio da epigenética, que significa literalmente "fora da genética convencional", atualmente utilizado para descrever o estudo das alterações estáveis no potencial de expressão dos genes que surgem durante o desenvolvimento e a proliferação celular. As alterações epigenéticas são modificações do ADN, que ocorrem sem qualquer alteração na sequência do ADN. As direcções modernas no domínio da investigação epigenética visavam decifrar os sinais epigenéticos que conferem às células estaminais a sua capacidade única de auto-renovação e de diferenciação em diferentes tipos. A medicina regenerativa baseada em células estaminais é muito promissora para a reparação de tecidos doentes.

A epigenética é definida como alterações hereditárias na expressão genética que não são acompanhadas por alterações na sequência do ADN. Análises recentes de caraterísticas epigenéticas específicas de células estaminais humanas e de ratinhos forneceram informações importantes sobre as propriedades únicas das células estaminais pluripotentes e de linhagem restrita. A nossa compreensão dos processos epigenéticos, que está a aumentar rapidamente, identifica como principais mediadores as modificações pós-sintéticas do próprio ADN ou das proteínas que se associam intimamente ao ADN (1, 2). Estas modificações parecem ser interpretadas por proteínas que reconhecem uma modificação específica e facilitam os efeitos biológicos adequados a jusante. Muitas doenças humanas são causadas, no todo ou em parte, por factores ambientais. Há muito que é aceite que as substâncias químicas ambientais podem causar muitas destas doenças através de alterações no genoma (ou seja, efeitos genéticos). Lesões cerebrais, cancro, lesões da espinal medula, lesões cardíacas, hematopoiese, calvície, falta de dentes, surdez, diabetes, infertilidade, etc. O genoma sofre alterações epigenéticas importantes durante o desenvolvimento dos mamíferos e a diferenciação das células estaminais embrionárias. Os mecanismos moleculares que controlam estes eventos epigenéticos são componentes essenciais da biologia das células estaminais e do estabelecimento e transmissão de padrões de expressão genética durante a diferenciação celular e a tumorogénese. A elucidação dos mecanismos epigenéticos promete ter implicações importantes para os avanços na investigação sobre células estaminais e reprogramação nuclear e pode oferecer novos alvos para combater doenças humanas, conduzindo potencialmente a novas formas de diagnóstico e terapêutica na medicina. Se os processos epigenéticos forem reversíveis, então existe a possibilidade de curar o cancro através da terapia com células estaminais. Foram identificados quatro tipos de vias epigenéticas: A metilação do ADN, a modificação das histonas, a remodelação dos nucleossomas e as vias mediadas por ARN não codificante. A metilação do ADN e a modificação das histonas são as vias mais estudadas.

A metilação de citosinas no dinucleótido CpG por DNA metiltransferases está envolvida na regulação da transcrição e da estrutura da cromatina, no controlo da disseminação de elementos parasitas, na manutenção da estabilidade do genoma face a grandes quantidades de DNA repetitivo e na inativação do cromossoma X. No fluxo deste livro serão discutidas as vias de remodelação de nucleossomas e as vias mediadas por ARN.

REMODELAÇÃO DE NUCLEOSSOMAS DEPENDENTE DE ATP

O termo "remodelação de nucleossomas" engloba um grande número de alterações dependentes de energia da estrutura canónica dos nucleossomas, catalisadas por ATPases dedicadas em grandes complexos multiproteicos. A importância destes factores para a regulação dos genes e outros processos com substrato cromatínico emergiu de estudos genéticos. As análises mecanísticas da remodelação dos nucleossomas por diferentes enzimas forneceram uma fenomenologia diversa, quase confusa, do desarranjo in vitro dos nucleossomas dependente de ATP, sugerindo que diferentes máquinas de remodelação seguem estratégias diferentes para perturbar as interações histona-DNA (3). Tem sido um desafio de longa data decifrar os princípios que permitem às células organizar os seus genomas em cromatina compacta e assegurar que a informação genética permanece acessível aos factores e enzimas reguladores dentro dos limites do núcleo. A descoberta de actividades de remodelação dos nucleossomas que utilizam a energia do ATP para tornar o ADN nucleossómico acessível foi um grande passo em frente. In vitro, estas enzimas enfraquecem o enrolamento apertado do ADN em torno dos octâmeros de histonas, facilitando assim o deslizamento dos octâmeros de histonas para segmentos de ADN vizinhos, a sua deslocação para o ADN não ligado e a acumulação de manchas de ADN acessível na superfície dos nucleossomas. Presume-se que a ação colectiva destas enzimas confere à cromatina propriedades dinâmicas que regem todas as funções nucleares que têm a cromatina como substrato. O conjunto diversificado de ATPases que se qualificam como os motores moleculares do processo de remodelação dos nucleossomas tem uma história comum e faz parte de uma superfamília. O contexto fisiológico da sua ação de remodelação baseia-se na associação com uma vasta gama de outras proteínas para formar complexos distintos para a remodelação dos nucleossomas (Figura 12.).

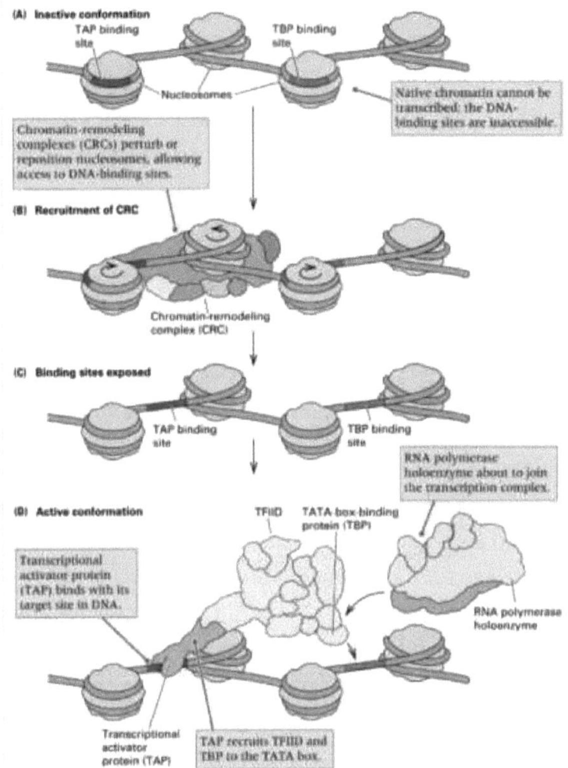

Fig. 12. Função dos complexos de remodelação da cromatina. (A) A cromatina nativa pode esconder sítios chave de ligação ao ADN. (B) Um complexo de remodelação da cromatina reposiciona os nucleossomas ao longo do ADN ou modifica quimicamente as histonas. (C) Os sítios de ligação ao ADN tornam-se acessíveis. (D) O complexo de transcrição é recrutado para o local. (De: Genetics: Analysis of Genes and Genomes, 6th Edition, Hartl, Jones 2005. Jones and Bartlett Publishers).

VIAS MEDIADAS PELO RNA

Os genes também podem ser desactivados pelo ARN quando este se apresenta sob a forma de transcritos anti-sentido, ARN não codificantes ou interferência de ARN. A remodelação da cromatina guiada por ARN não codificante contribui mecanicamente para o estabelecimento da estrutura da cromatina e para a manutenção da memória epigenómica. O ARN não codificante anti-sentido tem sido implicado no silenciamento de genes supressores de tumores através de eventos de remodelação epigenética. Estudos que investigaram a atividade transcricional revelaram um nível inesperado de complexidade no transcriptoma dos mamíferos (4-7). A remodelação da cromatina guiada por RNA não-codificante (ncRNA) contribui mecanicamente para o estabelecimento da estrutura da cromatina e para a manutenção da memória epigenética (8). Vários ncRNAs foram identificados como reguladores da estrutura da cromatina e da expressão genética. A ocorrência generalizada de transcrição antisense em eucariotas enfatiza a prevalência da regulação de genes por transcrições antisense naturais. Recentemente, os ncRNAs antisense foram implicados no silenciamento de genes supressores de tumor através de eventos de remodelação epigenética (Fig. 10). A caraterização dos RNAs anti-sentido envolvidos no desenvolvimento ou manutenção de estados oncogénicos pode definir os ncRNAs como biomarcadores precoces para o aparecimento de cancro, e pode ter um impacto significativo no desenvolvimento de ferramentas para o diagnóstico e tratamento da doença. O complexo RNA-Ago1 tem então como alvo o RNA associado ao promotor nascente, que é transcrito pela RNA polimerase II (RNAPII) na direção do sentido. Subsequentemente, o complexo silenciador putativo, que pode ser constituído pelo complexo PRC2 de Polycomb (composto por KMT6 [Ezh2], SUZ12 e EED), HDAC1, as metiltransferases de ADN Dnmt3A e Dnmt1 e as metiltransferases de histonas KMT1C (G9a) e/ou KMT1A (Suv39h1), é recrutado para o promotor. O recrutamento do complexo de silenciamento pode ser mediado pela interação de Ago1 com Dnmt3a, ou diretamente (H3K9me2 e H3K27me3, respetivamente) dos nucleossomas próximos do local alvo do promotor. A metilação de histonas pode ser mediada pelas metiltransferases de lisina candidatas KMT6 (para H3K27) e KMT1C (para H3K9) e/ou KMT1A (as metiltransferases alternativas de H3K9 são mostradas em branco), levando à formação de heterocromatina no promotor alvo (Fig. 13.).

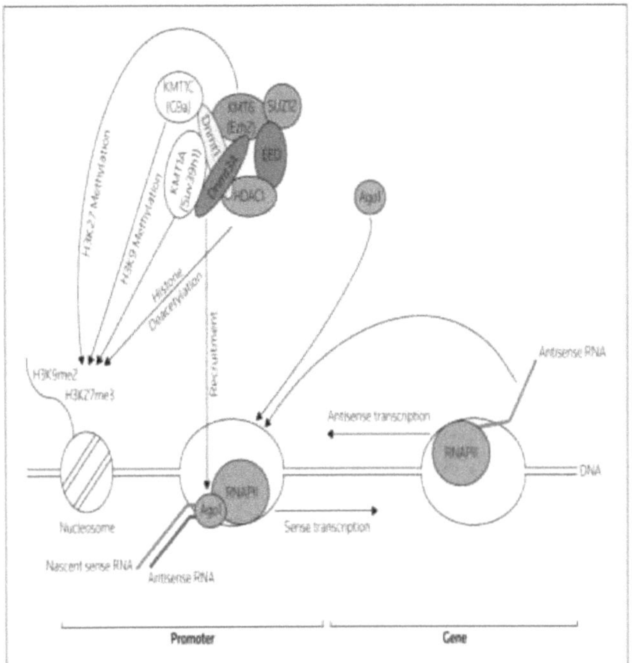

Fig. 13. Modelo para o início do silenciamento de genes transcricionais mediado por ARN não codificante antisense em células humanas. O ARN anti-sentido associa-se à proteína argonauta 1 (Ago1) (De: Malecova 2010).

TERAPIA EPIGENÉTICA E COM CÉLULAS ESTAMINAIS

Embora as alterações epigenéticas sejam necessárias para o desenvolvimento normal e para a saúde, podem também ser responsáveis por algumas doenças. As alterações epigenéticas são mais reversíveis do que os fenómenos genéticos, pelo que existe um grande potencial para o desenvolvimento de "terapias epigenéticas". A perturbação de quaisquer sistemas que contribuam para as alterações epigenéticas pode causar uma ativação ou silenciamento anormal dos genes (9). Tais perturbações têm sido associadas ao cancro, a síndromes que envolvem instabilidades cromossómicas e ao atraso mental (10, 11). São apresentados de seguida alguns exemplos para ilustrar a importância das vias epigenéticas no desenvolvimento de doenças (12, 13).

Cancro

A função genética aberrante e os padrões alterados de expressão genética são caraterísticas fundamentais do cancro. Cada vez mais evidências demonstram que as anomalias epigenéticas adquiridas participam com alterações genéticas para causar esta desregulação. As alterações epigenéticas participam nas fases iniciais da neoplasia, incluindo a contribuição das células estaminais-precursoras, e discute as implicações crescentes destes avanços para as estratégias de controlo do cancro. Uma vez que os processos de silenciamento epigenético são hereditários, podem desempenhar os mesmos papéis e sofrer os mesmos processos selectivos que as alterações genéticas no desenvolvimento de um cancro. Foram observadas alterações epigenéticas em praticamente todas as fases do desenvolvimento e progressão do cancro. A hipermetilação das ilhas CpG pode causar tumores ao desativar genes supressores de tumores. De facto, este tipo de alterações pode ser mais comum no cancro humano do que as mutações da sequência de ADN (4). Acredita-se que uma metilação insuficiente do ADN (hipometilação) pode iniciar a instabilidade dos cromossomas e ativar oncogenes (14). Uma célula maligna pode ter 2060% menos metilação genómica do que a sua contraparte normal. Por outro lado, uma metilação excessiva do ADN (hipermetilação) pode provocar o silenciamento de genes supressores de tumores. Os investigadores médicos estão a avaliar os marcadores epigenéticos como um meio de diagnóstico precoce do cancro e de previsão do resultado clínico. A terapêutica baseada em estratégias epigenéticas está também a ser considerada para o tratamento e a prevenção do cancro (15, 16).

Envelhecimento

A metilação do ADN diminui à medida que as células envelhecem. Os gémeos idênticos são epigeneticamente indistinguíveis no início da vida, mas apresentam diferenças substanciais nos marcadores epigenéticos com a idade (17). Esta observação sugere um papel importante do ambiente na formação do epigenoma. Foi demonstrado que o processo de envelhecimento envolve algumas vias epigenéticas que foram identificadas no processo de carcinogénese. Uma vez que tantas doenças, como o cancro, envolvem alterações epigenéticas, parece razoável tentar contrariar estas modificações com tratamentos epigenéticos. Estas alterações parecem ser um alvo ideal porque são, por natureza, reversíveis, ao contrário das mutações da sequência de ADN. Os tratamentos mais populares têm por objetivo alterar a metilação do ADN (18) ou a acetilação das histonas.

Os inibidores da metilação do ADN podem reativar genes que tenham sido silenciados. Dois exemplos deste tipo de medicamentos são a 5-azacitidina e a 5-aza-2'-deoxicitidina (4). Estes medicamentos actuam agindo como o nucleótido citosina e incorporando-se no ADN durante a sua replicação. Depois de se incorporarem no ADN, os medicamentos bloqueiam a ação das enzimas DNMT, o que inibe a metilação do ADN. Os medicamentos destinados às modificações das histonas são designados inibidores da histona desacetilase (HDAC). As HDAC são enzimas que removem os grupos acetilo do ADN, o que condensa a cromatina e pára a transcrição. O bloqueio deste processo com inibidores da HDAC ativa a expressão genética. Os inibidores mais comuns da HDAC incluem o ácido fenilbutírico, SAHA, depsipeptídeo e ácido valpróico (4).

Células estaminais e terapia

As células estaminais são células biológicas presentes em todos os organismos multicelulares que se podem dividir (através de mitose) e diferenciar em diversos tipos de células especializadas e que se podem auto-renovar para produzir mais células estaminais. Nos mamíferos, existem dois grandes tipos de células estaminais: as células estaminais embrionárias, que são isoladas da massa celular interna dos blastocistos, e as células estaminais adultas, que se encontram em vários tecidos. Nos organismos adultos, as células estaminais e as células progenitoras funcionam como um sistema de reparação do organismo, repondo os tecidos adultos. Num embrião em desenvolvimento, as células estaminais podem diferenciar-se em todas as células especializadas (estas são chamadas células pluripotentes) (Fig. 14.).

Existem três fontes acessíveis de células estaminais adultas autólogas nos seres humanos: 1. A medula óssea, que requer extração por colheita, ou seja, perfuração do osso (normalmente o fémur ou a crista ilíaca),

2. Tecido adiposo (células lipídicas), que requer extração por lipoaspiração, e

3. Sangue, que requer uma extração em que o sangue é retirado do dador (semelhante a uma dádiva de sangue), passado por uma máquina que extrai as células estaminais e devolve outras partes do sangue ao dador.

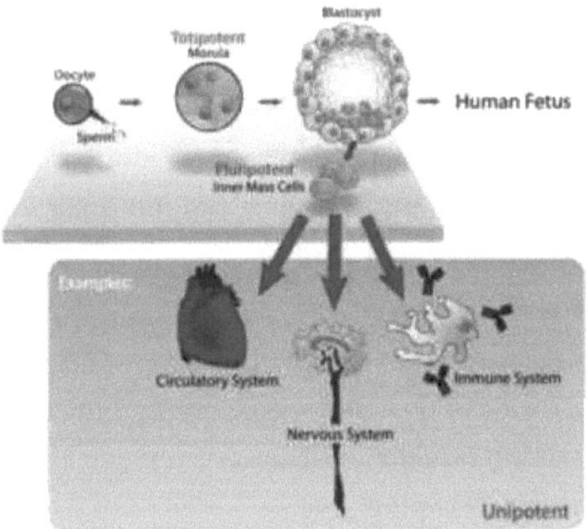

Fig. 14. As células estaminais embrionárias pluripotentes têm origem nas células da massa celular interna (MCI) de um blastocisto. Estas células estaminais podem transformar-se em qualquer tecido do corpo, excluindo a placenta. Apenas as células de uma fase anterior do embrião, conhecida como mórula, são totipotentes, capazes de se transformar em todos os tecidos do corpo e na placenta extra-embrionária.

As células estaminais também podem ser colhidas do sangue do cordão umbilical logo após o nascimento. De todos os tipos de células estaminais, a colheita autóloga é a que envolve menos riscos. Por definição, as células autólogas são obtidas a partir do próprio corpo, tal como uma pessoa pode armazenar o seu próprio sangue para procedimentos cirúrgicos electivos. As células estaminais adultas de elevada plasticidade são utilizadas regularmente em terapias médicas, por exemplo, no transplante de medula óssea. As células estaminais podem agora ser cultivadas artificialmente e transformadas (diferenciadas) em tipos de células especializadas com caraterísticas consistentes com as células de vários tecidos, como os músculos ou os nervos, através da cultura celular (19, 20). As linhas celulares embrionárias e as células estaminais embrionárias autólogas geradas através da clonagem terapêutica foram também propostas como candidatos promissores para futuras terapias (21). É de enorme interesse investigar a relação entre a investigação do cancro e a origem dos oncogenes e dos genes supressores de tumores como sendo de origem arqueana (22).

COMENTÁRIOS

Uma questão que se coloca é a causa das alterações epigenéticas. A resposta a esta questão não pode ser encontrada nos processos bioquímicos conhecidos na célula. Estudos sobre as ligações entre a metilação do ADN e a estrutura da cromatina e as proteínas associadas à metiltransferase do ADN revelarão provavelmente que muitas modificações epigenéticas do genoma estão diretamente ligadas. A região CpG metilada pode recrutar outras actividades moduladoras da cromatina, como os complexos de proteínas de ligação metil-CpG e as actividades repressivas que lhes estão associadas, e, finalmente, bloquear uma determinada região do genoma num estado silencioso que regula a doença humana e também a tumorogénese. Embora os estudos que descrevem as células estaminais sejam incrivelmente promissores, a sua aplicação direta em terapias humanas ainda está longe de ser uma realidade. A multipotência das células estaminais é reduzida ao longo do tempo devido ao silenciamento progressivo dos genes. Será possível eliminar a tumorogénese através do silenciamento reversível de genes? Se for esse o caso, a terapia com células estaminais parece ser um candidato promissor para estratégias de controlo do cancro. Para o tratamento e a prevenção do cancro, é de enorme interesse investigar a relação entre a doença oncológica e a origem arqueana dos oncogenes e dos genes supressores de tumores, como se afirma no capítulo 3.1

Uma equipa de cientistas liderada pela Johns Hopkins produziu o primeiro mapa epigenético de sempre para a diferenciação de tecidos, desde os precursores até à descendência. O tempo para curar, não para curar doenças genéticas, ainda está longe de ser alcançado. Apenas um conhecimento mais profundo da escolha do estado quântico do ADN adequado pode levar a uma recuperação completa.

3.5. REFERÊNCIAS

1 Reamon-Buettner SM, Borlak J. Um novo paradigma em toxicologia e teratologia: alteração da atividade genética na ausência de variação da sequência do ADN. Reprod Toxicol. 2007;24:20-30.

2 Weinhold R . Epigenetics: the science of change (Epigenética: a ciência da mudança). Environ Health Persp. 2006;114:160-7.

3 Peter BB, Wolfram H. Remodelação de nucleossomas dependente de ATP. Revisão Anual de Bioquímica. 2002;71:247-73.

4 Egger E. Epigenetics in human disease and prospects for epigenetic therapy (Epigenética na doença humana e perspectivas de terapia epigenética). Nature. 2004;429:457-63.

5 Morris KV, Chan SW, Jaconsen SE, Looney DJ. Small interfering RNA-induced transcriptional gene silencing in human cells. Science. 2004;305(5688):1289-92

6 Mercer TR, Dinger ME, Mattick JS . RNAs longos não-codificantes: Insights sobre as funções. Nat Rev Genet. 2009;10(3):155-9.

7 Bertone P, Stolc V, Royce TE, Rozowsky JS, Urban AE, Zhu X, et al. Identificação global de sequências transcritas humanas com matrizes de cultivo do genoma. Science. 2004;306(5705):2242-6.

8 Malecova B, Morris KV. Transcriptional gene silencing through epigenetic changes mediated by non-coding RNAs. Curr Opin Mol Ther. 2010;12: 214222.

9 Penagarikano O . A fisiopatologia da síndrome do X frágil. Ann Rev Genom Hum G Annual. 2007;8:109-29.

10 Szyf M. The dynamic epigenome and its implications in toxicology (O epigenoma dinâmico e as suas implicações na toxicologia). Toxicol Sci. 2007;100:7-23.

11 van Vliet J, Oates NA, Whitelaw E. Epigenetic mechanisms in the context of complex diseases (Mecanismos epigenéticos no contexto de doenças complexas). Cell Mol Life Sci. 2007;64:1531-8.

12 Fraga MF, Agrelo R, Esteller M. Cross-talk between aging and cancer: the epigenetic language. Ann N Y Acad Sci. 2007;1100:60-74.

13 Goldberg AD, Allis CD, Bernstein E. Epigenetics: a landscape takes shape. Cell. 2007;128:635-8.

14 Feinberg AP, Vogelstein B. Hypomethylation distinguishes genes of some human cancers from their normal counterparts. Nature. 1983;301:89-92.

15 Jones PA, Baylin S B. The fundamental role of epigenetic events in cancer (O papel fundamental dos eventos epigenéticos no cancro). Nat Rev Genet. 2002;3:415-28.

16 Jones PA, Baylin SB. The epigenomics of cancer. Environmental Diseases from A to Z. J Environ Sci Heal S. 2007;128:683-92.

17 Kaati G. Cardiovascular and diabetes mortality determined by nutrition during parents' and grandparents' slow growth period (Mortalidade cardiovascular e por

diabetes determinada pela nutrição durante o período de crescimento lento dos pais e avós). Eur J Hum Genet. 2002;10:682- 8.
18 Robertson KD. DNA methylation and chromatin: Unraveling the tangled web. Oncogene. 2002;21:5361-79.
19 Becker AJ, McCulloch EA, Till JE. Cytological demonstration of the clonal nature of spleen colonies derived from transplanted mouse marrow cells. Nature. 1963;197:452-4.
20 Siminovitch L, McCulloch EA, Till JE. The distribution of colony-forming cells among spleen colonies (A distribuição de células formadoras de colónias entre colónias de baço). J Cell Compar Physio. 1963;62(3):327-36.
21 Tuch BE. Células estaminais - uma atualização clínica. Aust Fam Physician. 2006;35(9):719- 21.
22 Koike H, Yokoyama K, Kawashimi T, Yamasaki T, Makino S-I, Clowney L, et al. Metilação de GATC por Dam methylase em archaea: o seu papel e possível regulação da transcrição por um FFRP. P Jpn Acad B-Phys. 2005;81(7):278-90.

ORIGEM DAS MITOCÔNDRIAS E DOS PLASTÍDEOS NAS PLANTAS

Todos os organismos fotossintéticos existentes descendem de um operão fotossintético primordial de uma única linha evolutiva de células. Esta hipótese propôs a existência de um genoma mitoplastídico no proto-eucariota não produtor de oxigénio aeróbico. Este genoma é composto por um replicão mitocondrial completo e um conjunto de genes fotossintéticos rodeado por uma membrana. O desenvolvimento do superoperon de divisão de água-PSII em plantas é o resultado da duplicação do genoma mitoplastidial e da substituição da função do gene. Após ambos os eventos, o genoma do mitoplastídeo contém dois replicons funcionalmente polarizados (mitocondrial e plastidial). A origem da mitocôndria e do cloroplasto ocorreu em três etapas. Primeiro, uma forquilha de replicação pára e colapsa, gerando uma quebra no genoma do mitoplasto. Segundo, a quebra de fita dupla foi reparada pela invasão de fitas complementares. Terceiro, este genoma duplicado foi segregado em dois compartimentos por recombinação genética recíproca. Simultaneamente, com a recombinação genética, a fissão da membrana do mitoplasto formou dois compartimentos, mitocondrial e plastidial.

Os plastídeos são uma família de organelas derivadas do proplastídeo que tem lamelas primitivas, se houver, e nenhum material de armazenamento. A partir desse proplastídeo incolor, uma planta cultivada no escuro desenvolverá etioplastos que contêm corpos prolamelares, que são arranjos tubulares de matérias-primas para a síntese de endomembranas e protoclorofila (Fig. 15.). Após a exposição à luz, os corpos prolamelares são rapidamente convertidos em tilacóides e a protoclorofila é convertida em clorofila, à medida que o etioplasto se torna um cloroplasto. Estas relações são mostradas abaixo. À medida que os cloroplastos amadurecem e produzem muito amido, o cloroplasto pode degradar significativamente os seus tilacóides para criar mais espaço para o amido e, assim, tornar-se um amiloplasto. Os proplastídeos ou cloroplastos acumulam pigmentos carotenóides e podem se tornar cromoplastos. Os cromoplastos são responsáveis pela cor vermelha dos tomates e pimentos e de certos tipos de flores (*Ripsalidopsis*).

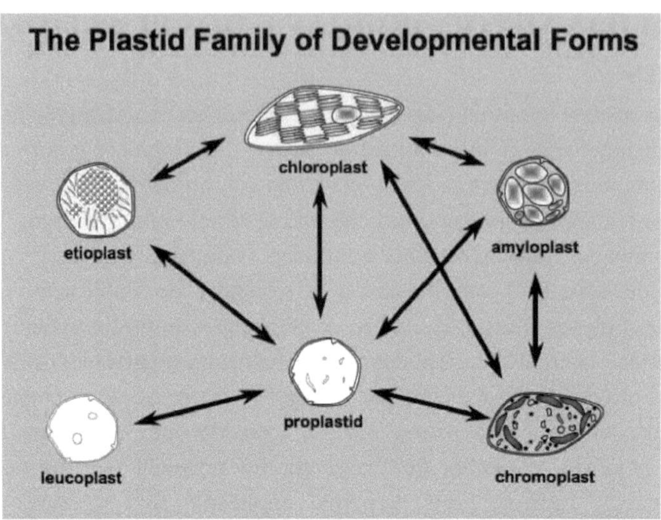

Fig. 15. Formas de desenvolvimento da família dos plastídeos.

O papel principal dos cloroplastos é a fotossíntese. A fotossíntese nas plantas e cianobactérias produz ATP e NADPH através de um processo que requer dois fotões de luz. O ATP é produzido após a absorção do primeiro fotão e o NADPH após o segundo. Estes dois fotossistemas funcionam em série.

As condições físicas do mundo pré-biótico conduzem inevitavelmente ao aparecimento e ao tipo de forma de vida semicelular. Na Terra/nas suas proximidades, existem quatro elementos principais que impulsionam a biogénese: 1. terra (Fe, S, Ni, Mg, Mn...); 2. água (*particularidade*, temperatura, pressão); 3. ar (N, C, H, O...) e 4. fogo (distância do Sol e temperatura do suporte mineral). De acordo com estes quatro elementos, pode estabelecer-se a seguinte definição da origem da vida: "Polimerização aquática das moléculas essenciais de tricarbonato no suporte mineral a 100°C, a ~ 20m abaixo do oceano e montagem de uma membrana protetora conduzida pela luz". "Montagem de proteção da membrana conduzida pela luz" - porque a sequência fotossintética primitiva é usada para codificar a biossíntese dos lípidos da membrana. "20m abaixo do oceano" - porque as reacções bioquímicas no mundo Fe-S, (com pirite como suporte mineral) que conduzem à origem da vida são realizadas a 100°C e a uma pressão de 0,2 MPa. Em harmonia com estes quatro elementos principais que guiaram a origem da vida e com a máxima: "quando existe um gene para um processo bioquímico, isso significa que a via de codificação está numa fase avançada", o primeiro replicão de ADN pode ser estabelecido. Os genes do primeiro replicão de ADN têm de codificar: A) Replicação do ADN (incluindo a sequência ancestral comum para a primase arqueana, cdc6, recA, dnaG, kaiC); B) Montagem e funções das proteínas Fe-S (sequência ancestral comum para a respiração, fotossíntese, biossíntese de lípidos de membrana, fixação de azoto) e C) Sequências de ADN para o metabolismo dos hidratos de carbono. De acordo com a existência de ORFs com funções desconhecidas, espalhadas por todos os genomas completamente sequenciados, e a sua semelhança com os genes do grupo B no primeiro replicão de ADN, é possível que existam alguns dos processos metabólicos desconhecidos que existiam na antiga forma de vida celular ou mesmo em células contemporâneas.

Uma forte evidência a favor da existência do genoma mitolastide é a estreita cooperação entre organelos com genoma e que perderam o seu genoma (Fig. 16.).

Stern e Longsdale (literatura) hibridizaram o mtRNA com a digestão de restrição SstII do ADN do mt do milho e verificaram que este hibridizava com fragmentos que se sabia não conterem genes do rRNA do mt. Um clone cosmídeo de ADNmt do milho foi depois hibridizado com o ARNmt e verificou-se que hibridizava com uma molécula de ARN do tamanho do gene de ARN 16S da cp. Mapearam o clone e compararam-no com o mapa do cpDNA do milho e verificaram que o mapa do clone era quase congruente com o da região 16S RNA do cpDNA. Este mapeamento mostrou que os dois mapas eram quase idênticos numa região de 12 kb de ADN. Estes resultados indicam que o mitocôndrio e o cloroplasto estão intimamente relacionados.

Outro exemplo da semelhança tentadora entre a mitocôndria e o cloroplasto é o controlo remoto dos genes fotossintéticos pela cadeia respiratória mitocondrial. Utilizando inibidores da cadeia respiratória mitocondrial, foi demonstrado que a atividade de transporte de electrões da MT em Chlamidomonas leva à expressão de genes nucleares que codificam proteínas relacionadas com a fotossíntese do cloroplasto. Por outras palavras, os sinais provenientes do mt regulam os genes nucleares que codificam proteínas destinadas ao cloroplasto. Além disso, os mesmos genes são também regulados por sinais derivados do cloroplasto e a via de sinalização ativa depende da atividade bioenergética relativa dos dois organelos.

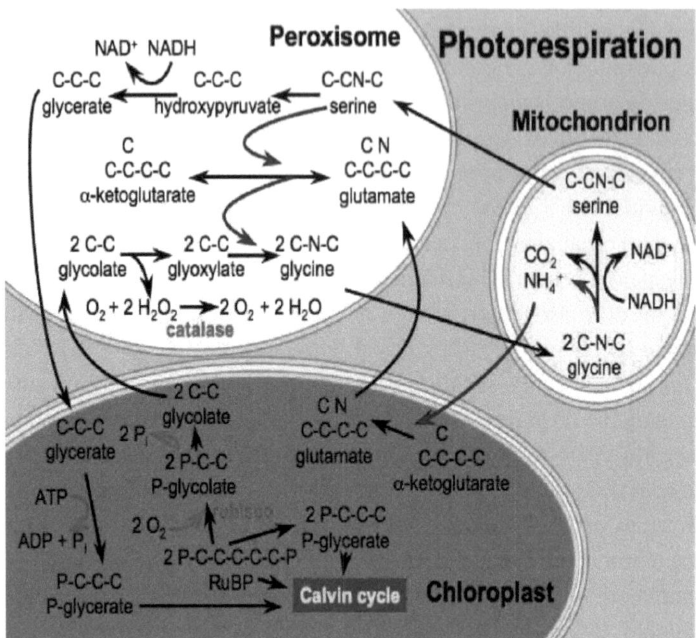

Fig. 16. Os microcorpos eram a designação original de pequenos organelos ligados a uma única membrana. Nas plantas, passaram a designar-se peroxissomas e glioxissomas. O peroxissoma é mostrado com a sua matriz cristalina de catalase em baixo. Este organelo degrada principalmente o glicolato, um ácido 2-C produzido nos cloroplastos como resultado da combinação do RuBisCO com o oxigénio em vez do dióxido de carbono, no processo de fotorrespiração. O glicolato é transferido para o peroxissoma. Ao degradar o glicolato, o oxigénio é consumido e é produzido peróxido (H_2O_2). Este material tóxico é enzimaticamente degradado em água e oxigénio pela enzima catalase. Esta enzima crítica pode compreender 40% da proteína no peroxissoma; não é de admirar que a catalase apareça sob a forma cristalina nos peroxissomas. As mitocôndrias são um terceiro parceiro na fotorrespiração.

No contexto da biogénese, ou seja, no desenvolvimento de uma única linha evolutiva de células, não foram tidos em conta dois parâmetros físicos muito importantes, mas ambos estão fortemente envolvidos na modelação dos genes e nas divergências entre genes do antepassado comum e famílias de genes. As principais forças motrizes na modelação de genes e substituições funcionais no replicão de genes fotossintéticos são: - diâmetro da Terra, e - brilho do Sol na época em que a vida se originou. A Terra está a expandir-se a uma taxa de 0,01 cm por ano, esta expansão é mais rápida do que era há 3,8 mil milhões de anos (quando recA, kaiC, dnaG ... sequência multifuncional do antepassado comum, ou seja, o gene do primeiro replicão de ADN sob A), o que afecta a duração do dia. Há 800 milhões de anos, o dia tinha apenas 18 horas de duração e a

separação das sequências de ADN recA e kaiC, que ocorreu há cerca de 3.0 By, deve-se ao aumento da duração do dia.
Por outro lado, há 4,5 anos, o Sol era apenas 70% mais brilhante do que é atualmente. A intensidade das diferentes cores no espetro visível não era, provavelmente, igual à que existia no momento do aparecimento do complexo evolutivo da fotossíntese e da oxidação da água baseado no clorofilo (~2,8 By atrás), provocando as divergências da sequência multifuncional do antepassado comum para os citocromos, a fixação do azoto, o centro de reação fotossintético, ou seja, os genes do primeiro replicão de ADN em B. A intensidade de cada comprimento de onda depende da luminosidade do Sol e, por conseguinte, dos genes do primeiro replicão de ADN em B.A intensidade de cada comprimento de onda depende da luminosidade do Sol e, curiosamente para nós, a correlação entre desvios para o azul e desvios para o vermelho depende também da luminosidade do Sol, acima de 30 000 K há desvios para o azul, mas as linhas mais frias são mais desfasadas para o vermelho. A luz é absorvida pelos pigmentos, a clorofila que absorve a luz vermelha e azul (e aparece verde) e os carotenóides que absorvem no azul (e aparecem amarelos). Deste modo, a alteração da luminosidade do Sol é responsável pela mudança evolutiva da cor e, simultaneamente, pela transição da fotossíntese baseada nos carotenóides para a fotossíntese baseada na clorofila, ou seja, pela mudança evolutiva dos genes fotossintéticos.
Esta teoria propõe a existência de uma única linha evolutiva de células, como espinha dorsal genética nos três grupos de organismos vivos, e a origem autógena dos plastídeos a partir do genoma mitoplastídico de um proto-eucariota originado por arqueobactérias. Existem duas vias para a evolução da fotossíntese, a das cianobactérias e a das plantas.
Foram identificadas trinta e seis linhagens de Eubacteria, das quais apenas cinco são capazes de utilizar a conversão de energia baseada na clorofila para criar uma força protonmotiva para impulsionar a síntese de ATP e reduzir o CO a açúcares. Dos cinco grupos de bactérias capazes de crescimento fotossintético fotoautotrófico, quatro realizam a fotossíntese em condições anaeróbias e não oxidam a água em oxigénio molecular através do complexo de evolução do oxigénio (OEC) (fotossíntese anoxigénica). As cianobactérias são o único grupo de bactérias que incorporou o OEC necessário para dividir a água como fonte de electrões. As únicas eubactérias que utilizam a OEC na fotossíntese oxigenada utilizam os ficobilisomas. Pode ser que, no que diz respeito à evolução da fotossíntese em eubactérias, os primeiros fototróficos tenham sido ancestrais anaeróbicos de cianobactérias, procianobactérias, ou mesmo "pro-protocianobactérias", [1] que realizavam fotossíntese oxigenada usando um centro de reação semelhante ao fotossistema I [2]. A maquinaria fotossintética das cianobactérias é muito mais complexa do que se pode considerar como uma linhagem na qual a fotossíntese poderia ter surgido.

Algumas das fortes conclusões sobre a evolução inicial dos fotopigmentos incluem: **(1)** a necessidade de distinguir a evolução dos fotopigmentos modernos e dos sistemas fotossintéticos das primeiras reacções induzidas pela luz; **(2)** a teoria de que a respiração precedeu a fotossíntese, evidenciada pelo aparecimento de hems e citocromos antes da clorofila; **(3)** a teoria de que a radiação UV foi a força motriz no desenvolvimento dos primeiros organismos a utilizar reacções induzidas pela luz; e **(4)** a evolução de pigmentos primitivos que surgiram após a evolução das hems redox-activas, tirando partido dos pigmentos que evoluíram inicialmente para proteger contra a radiação UV.

Nos últimos anos, há cada vez mais provas do papel preponderante das archaea no estabelecimento da fotossíntese na Terra. Esta teoria propõe a existência de uma única linha evolutiva de células, como uma espinha dorsal genética em três grupos de organismos vivos, e a origem autógena dos plastídeos e mitocôndrias nas plantas a partir do genoma mitoplastídico de proto-eucariotas originados por arqueas. O objetivo deste artigo é explicar que existem dois ramos independentes da evolução da fotossíntese: **(i)** cianobactérias e **(ii) eucariotas**.

3.6. ORIGEM DOS PLASTÍDEOS

"Existem algumas homologias tentadoras entre o genoma mitocondrial e o genoma do cloroplasto", Lewin B., 2000. Genes VII.

Esta hipótese propunha a existência de um genoma mitoplastídeo no proto-eucariota aeróbio não produtor de oxigénio. Este genoma é composto, logo no início, por todo o replicão mitocondrial e pelo cluster de genes fotossintéticos. Evolução genética da fotossíntese compreendida:

1. evolução do operão de genes fotossintéticos,
2. evolução do grupo de genes fotossintéticos (superoperon), e
3. evolução do replicon do gene fotossintético, no genoma do mitoplastideo.

Mitoplastídeo: organelo hipotético contendo ADN no antepassado do organismo fotossintético eucariótico. O genoma do mitoplastídeo (com uma origem de replicação) contém todo o replicão mitocondrial e o operão fotossintético primitivo.

3.7. PROMOÇÃO GENÉTICA DA FOTOSSÍNTESE

Tipicamente, os cpDNAs das plantas terrestres contêm dois segmentos idênticos, as repetições invertidas, separados por duas sequências de cópia única, a região de cópia grande e a região de cópia única pequena. As repetições invertidas no cpDNA têm uma conformação cabeça-cauda ou cabeça-cabeça. Estes dímeros são formados por um evento de recombinação, como um vestígio de uma duplicação antiga, e servem como uma poderosa força de desenvolvimento.

Um dos exemplos proeminentes da univerzalização em Biologia é o complexo do citocromo bc1 nas mitocôndrias e o citocromo b6f nos cloroplastos. Estas duas quinol oxidoredutases na respiração ("fotossíntese inversa") e na fotossíntese estão intimamente relacionadas e parecem partilhar um antepassado comum. Muitos componentes respiratórios, incluindo o citocromo bc e a citocromo C oxidase (uma enzima mais antiga que o oxigénio atmosférico, [3] estão presentes nas arqueas. Enquanto o PSII das cianobactérias derivou muito provavelmente de um centro de reação ancestral do tipo II das bactérias púrpuras, os homólogos de Cyt b559 estão ausentes das bactérias púrpuras. Isso pode implicar que Cyt b559 pode ser menos crítico para a função fotoquímica do PSII [4]. Por outro lado, Cyt b562, menos eficiente no comprimento de onda correspondente, está presente em archaea e plantas [5].

Os centros de reação fotossintéticos tiveram origem, após duplicação de genes, na subunidade do citocromo b (esta é a ligação entre a respiração e a fotossíntese) do complexo do citocromo bc1 [6]. O segundo exemplo de duplicação de genes encontra-se nos genes do polipeptídeo do núcleo do PS I - como RC, em que psa A (P700 clorofila a) e psa B derivam de uma antiga duplicação de genes do citocromo b e são conservados com os ligandos cofactores no antepassado psa A/ psh A - como RC. Relativamente aos polipéptidos da antena central do PS II, a análise filogenética indica que os genes psb B (que codifica CP47) e psb C (que codifica CP43) surgiram após a duplicação de psh A do antepassado comum psh A - like, ou seja, da fragmentação de genes e subsequente duplicação a partir de um antepassado comum do polipéptido RC do tipo PSI. Esta dupla duplicação precede as divergências de todas as linhagens oxigenadas e pode ter ocorrido muito antes da especiação da fotossíntese. A análise filogenómica da sequência completa do genoma de *Chlorobium tepidum* (bactéria fotolitotrófica anaeróbia obrigatória verde-enxofre, que utiliza um centro de reação homodimérico do tipo I) revela duplicações prováveis de genes envolvidos em vias biossintéticas para a fotossíntese e o metabolismo do enxofre e do azoto, bem como *fortes semelhanças entre os processos metabólicos de muitas espécies de arqueas* [7].

As proteínas extrínsecas da OEC (PsbO, P, Q, U, V) não se ligam ao aglomerado (Mn)4, mas fornecem um ambiente molecular para o estabilizar e para manter níveis óptimos de iões Ca e Cl necessários como cofactores essenciais para a reação de oxidação da água [8]. Os resultados indicam que os iões Ca e Cl podem ser substituídos (por Br, I, NO3) mas com uma cinética mais lenta [9]. Antes da evolução da atividade da oxidase da água, deve existir um precursor das proteínas extrínsecas da OEC atualmente conhecidas, como o citocromo c nas arqueas [10]. As proteínas extrínsecas da OEC diferem entre as plantas, por um lado, e as cianobactérias, por outro [10]. Os mecanismos que geram um elevado potencial de oxidação da água pelo PSII podem ser medidos pelo potencial redox do aceitador primário de electrões feofitina. Novas pesquisas apontam para a presença de clorofila a e feofitina a do tipo eucariótico em arquéias [11]. Esta Chl a poderia catalisar a transferência de protões através da membrana das arqueas, impulsionada pela luz. Em termos evolutivos, é preferível dizer que os eucariotas possuem clorofila a e feofitina a do tipo arqueobacteriano. A tentativa deste artigo é explicar que existem dois ramos independentes da evolução da fotossíntese (i) cianobacteriano e (ii) eucariótico.

3.8. REFLEXÃO

Todos os genes contemporâneos derivam de genes ancestrais pré-existentes por duplicação em série, quimerização de genes, e que a ancestralidade dos genes modernos remonta a triliões de replicações sucessivas. Após a duplicação, apenas a minoria dos pares de genes adoptará uma nova função, com rapidez suficiente para escapar a mutações incapacitantes que levariam à sua erradicação; a perda desenfreada de genes apaga rapidamente este sinal de duplicação do genoma (12). A primeira duplicação de todo o genoma levou à compartimentação mitocondrial e nuclear (13). O segundo evento de duplicação exigiu a duplicação de todo o genoma mitoplastídico, levando à transição do cluster de genes fotossintéticos para o replicon de genes fotossintéticos (Fig. 17.).

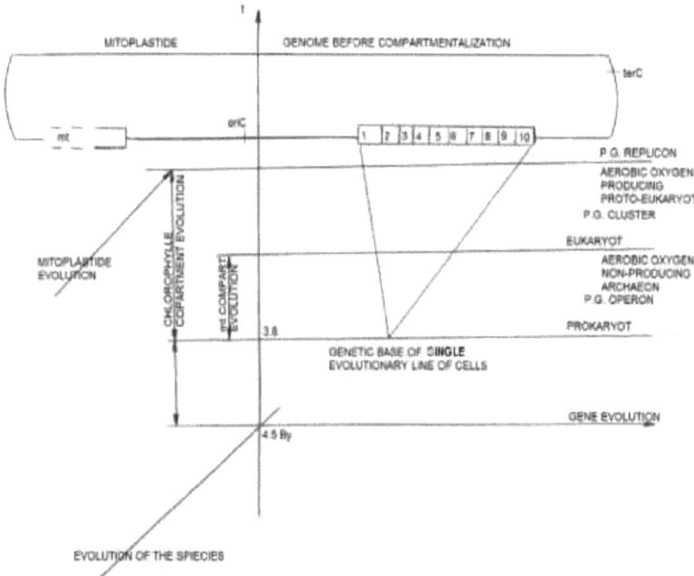

Fig. 17. Evolução do replicon do gene fotossintético no genoma mitoplastídico de um proto-eucarioto; 1-fdx, 2-cyt/rieske, 3-kai, 4-hem, 5- beta-car, 6-chl, 7-PSI, 8-PSII, 9-slr, 10-wox. P.G. = gene fotossintético, t = tempo em By, mt 0 replicão mitocondrial, oriC = origem da replicação, terC = fim da replicação.

A biossíntese da clorofila é uma das etapas intermédias da biossíntese da bacterioclorofila a, o que significa que os organismos fotossintéticos oxigenados que contêm clorofila são anteriores aos organismos anoxigenados que contêm bacterioclorofila. Mas a filogenia molecular indica claramente que a bacterioclorofila a é, de facto, o pigmento mais antigo. Assim, os centros de reação de cianobactérias

que contêm clorofila a são um produto evolutivo mais recente e a evolução da biossíntese de pigmentos de bacterioclorofila para clorofila pode ter envolvido a perda de genes e o encurtamento da via.
Até à data, o bchG só foi encontrado em organismos fotossintéticos e, por isso, tem sido utilizado como um marcador molecular poderoso para a evolução da fotossíntese. Por conseguinte, todas as datas subsequentes baseadas nesse marcador podem ser ignoradas.

Quadro 1. Bacterioclorofila a de arqueobactérias

A putativa bchG arqueal (ar-bchG) do arqueão *Ignicoccous* foi clonada e expressa em *E. coli* (14). Verificou-se que a proteína é capaz de sintetizar a bacterioclorofila a por esterificação do bacterioclorofilídeo a com difosfato de fitilo ou difosfato de geranilgeranilo. A análise filogenética indica claramente que a ar-bchG diverge antes da bchG bacteriana. A BchG pertence à família UbiA preniltransferase de polipreniltransferase com motivo ativo DRXXD para ligação de catiões divalentes (Mg ou Mn). A descoberta de uma enzima funcional envolvida na biossíntese de Bchl em archaea levanta a possibilidade significativa de que a origem da fotossíntese seja anterior à divergência entre bactérias e archaea. É possível que a Ar-BchG tenha outras funções para além da fotossíntese, como a síntese de lípidos membranares nestas arqueas.

3.9. FIXAÇÃO DO AZOTO E FOTOSSÍNTESE

Os genes nifH, nifD, nifK, nifE e nifN são universais nos organismos fixadores de azoto, encontrando-se num operão altamente conservado em Archaea [15]. Não se sabe se os homólogos de NifH e NifD estão envolvidos na fixação de azoto. O complexo de biossíntese de pigmentos protoclorofilídeo redutase e clorofilídeo redutase não são apenas homólogos, mas são funcionalmente análogos à nitrogenase. Tal como acontece com a nitrogenase, o fluxo de electrões passa de uma ATPase do tipo NifH (BchL e BchX) para um heterotetrâmero putativo do tipo NifD onde o tetrapirrol está ligado (Bch NB e BchYZ). Estas duas enzimas catalisam as etapas finais da biossíntese do clorofilo e do bacterioclorofilo. Com base na semelhança das sequências, os complexos Bch LNB e Bch XYZ parecem ter tido origem num antepassado comum duplicado que era menos específico do substrato e capaz de catalisar ambas as reduções de anel, embora de forma menos eficiente. Ambos os complexos só se encontram juntos em procariotas fotossintéticos anoxigénicos e apenas um (Bch ou Chl LNB) se encontra nas cianobactérias modernas. Esta mudança fortuita, provavelmente provocada pela perda do complexo Bch XYZ no último antepassado comum das cianobactérias e no antepassado arqueano dos proto-eucariotas fotossintéticos, resultou numa mudança para o azul (P 680 para P 700) no comprimento de onda de absorção do pigmento primário, aumentando o potencial redox do centro de reação fotossintético.
Estudos anteriores demonstraram a existência ubíqua do citocromo b e das proteínas Rieske-ferro-enxofre, componentes essenciais dos complexos citocromo bc e da

fotossíntese em archaea, eubacteria e eukarya [16-17]. Há também confirmação de que muitos componentes respiratórios, incluindo o complexo do citocromo bc e a citocromo c oxidase, existiam no último antepassado comum das Archaea e Eubacteria. A fotossíntese à base de Mg-tetrapirrol encontra-se apenas nas Eubactérias, incluindo a linhagem dos cloroplastos, pelo que é menos provável que tenha surgido após o advento do metabolismo respiratório. No entanto, os centros de reação fotoquímicos podem ter evoluído por integração numa cadeia de transporte de electrões respiratória já existente. A evidência da existência de componentes respiratórios antes da fotossíntese é contrária à crença comum de que a fotossíntese oxigenada deve preceder a respiração porque o processo respiratório requer oxigénio como substrato. A forma primitiva do complexo do citocromo bc pode ter realizado um tipo de respiração anaeróbica ou um tipo de respiração aeróbica na presença de um nível extremamente baixo de oxigénio (3).
A fixação do azoto é desconhecida nos plastídeos e pode envolver toxicidade. Os homólogos correspondentes na PChloride reductase de organismos sintetizadores de Chl são chlL (frxC), chlN (gidA) e chlB. A sequência do gene nif H das arqueas apresenta uma homologia significativa com a do frx C (chl L), ou seja, a protoclorofilídeo redutase [18-19]; a chl P- geranilgeranil redutase (GGR) já se encontra disseminada entre as arqueas. Os genes responsáveis pela conversão redutora de um grupo geranilgeranil num grupo fitílico foram identificados em plantas e bactérias. Os genes chl P que codificam a geranilgeranil redutase multifuncional estão envolvidos na biossíntese da clorofila. Nas archaea, os homólogos da GGR estão envolvidos na produção de uma cadeia lateral de heptaprenilo totalmente saturada [20]. A reação inicial de formação do tetrapirrol, molécula precursora da biossíntese das clorofilas, tanto nas archaea como nas plantas, é catalisada pelo produto do gene hem A glutamil-ARNt redutase. O ácido 5-aminolevulínico (ALA) é a molécula precursora geral para a síntese de tetrapirróis a partir do ALA, da mesma forma que nas plantas e nas arqueas, ou seja, numa reação em duas fases a partir do esqueleto de glutamato ligado ao glutamil-RNAt. Assim, as plantas e as arqueias formam o precursor do clorofilo da mesma forma.
Um evento muito importante na evolução do replicon PG é a substituição da função dos genes de fixação de azoto e a sua integração no cluster PG, através da duplicação do genoma mitoplastídico. A substituição de funções é um dos processos significativos na evolução da fotossíntese nas plantas. Durante a duplicação do genoma completo das arqueas, a função dos genes bch I e bch D, já presentes nas arqueas, pode ser substituída e, em conjunto com o gene hem A e glutamato-semialdeído aminomutase das arqueas, contribuiu para a posterior biossíntese da clorofila no precursor da planta. Bch L e bch D, que podem ser subunidades de uma Ni-quelatase para a biossíntese da coenzima F430 contendo Ni em Archaea, partilham uma semelhança significativa com bch I e

bch D que codificam duas subunidades de Mg-quelatase necessárias para a biossíntese da clorofila, sugerindo que a antiga duplicação de genes pode ter ocorrido muito antes do evento de especiação fotossintética.

Caixa 2. Genes da clorofila a e da feofitina a de arqueobactérias

Burke et al. (1993) concluíram que a duplicação da proteína de ferro da nitrogenase deu origem à proteína de ferro da clorofila ancestral e que a duplicação antiga do gene nifH precedeu a divergência entre as eubactérias e as arqueas metanogénicas. A recente descoberta dos genes da clorofila a e da feofitina a em arqueas, idênticos aos das plantas, poderia reconsiderar a implicação das arqueas no estabelecimento da fotossíntese na Terra [11].

3.10. *Complexos de Mg2+ e Mn2+*

Foram apresentadas três propostas de compostos que podem ter servido como precursores do complexo de manganês: formiato [21], peróxido de hidrogénio [2223] e bicarbonato [24]. O peróxido de hidrogénio pode ser um importante oxidante da Terra anóxica primitiva [23]. A proteína binuclear de manganês catalisa a reação: 2H2O2 a 2H2O + O2, enquanto a proteína tetranuclear de manganês (proteína de oxidação da água) conduz a hidrólise da água: 2H2O a 4H+ + 4e- + O2. As provas adicionais que apoiam a utilização do peróxido de hidrogénio são as seguintes: - Para dissipar o excesso de energia (no caso em que as moléculas de clorofila excitadas transferem indevidamente o seu estado energético para o oxigénio), o ciclo água-água canaliza os electrões obtidos da divisão da molécula de água no PSII através do aparelho fotossintético. Estes electrões são transferidos para o oxigénio pelo PSI e resultam na formação de radicais superóxido. Uma superóxido dismutase de cobre/zinco ligada à membrana converte estes radicais em peróxido de hidrogénio e uma ascorbato peroxidase ligada à membrana do cloroplasto (thylakoid-APX) converte o peróxido de hidrogénio novamente em água. Assim, o peróxido de hidrogénio serve como precursor do complexo de manganês e como protetor do cloroplasto contra os radicais superóxidos.

A existência de manganês na Hem F/ Hem N foi comprovada [25]. A Hem F/ Hem N é uma coproporfirinogénio III oxidase, que converte o coproporfirinogénio III em protoporfirinogénio IX, um antepenúltimo passo na biossíntese da clorofila. As sequências do gene nif B das arqueas apresentam uma homologia significativa com a do gene hem N [26].

As porfirinas, por exemplo o heme e a clorofila, são vitais para os processos biológicos como a respiração e a fotossíntese. Ambos os cofactores são sintetizados através de uma via comum para a protoporfirina IX (PPIX), que depois se ramifica: A quelação de Fe 2+ no macrociclo pela ferroquelatase resulta na formação de heme; por outro lado, a adição de Mg2+ pela Mg-quelatase compromete a porfirina com a síntese de bacterioclorofila. Descobriu-se [27] que o Mg2+ pode ser substituído por Zn2+; a via biossintética Zn-BChl é uma nova forma de produzir BChl. Esta descoberta permite o refinamento das regras de transferência de electrões nos complexos pigmento-proteína, mostrando que o estado de coordenação e a conformação dos cofactores na RC2 podem ter um papel tão importante como as proteínas. O que se correlaciona com o papel das funções de substituição do gene (proteína).

A sequência do genoma do arqueão *Picrophilus torridus* [28] revelou a presença de dois genes homólogos às subunidades chl I e chl D da Mg-chelatase, flanqueando o gene cob N. Foi recentemente sugerido que Chl I e Chl D podem assumir a função de Cob S e Cob T [29].

A modelação dos genes que participam nas vias bioquímicas das proteínas Mn, tendo em conta a sua incorporação no PSII e as condições atmosféricas antes de 2,7 By, seria a seguinte

1. 2HO2 (superóxido) - Mn-superóxido dismutase (centro mononuclear de Mn) = H2O2 + O2
2. H2O2 - catalase (centro de Mn binuclear) = 2H2O + O2
3. H2O - wox (centro tetranuclear de Mn) = 4H+ + 4e- + O2

3.11. CONCLUSÃO

Pode concluir-se que a substituição funcional e a integração do gene nif B no cluster PG foram a gota de água final para a evolução do replicão PG. Desta forma, a evolução do genoma mitoplastídico polarizado foi terminada, colhendo-se o replicão mitocondrial e plastidial. Os vestígios da existência do genoma mitoplastídico são visíveis no genoma mitocondrial das plantas, onde existe uma sequência semelhante à dos plastídeos, ou seja, pedaços não funcionais dos genes psa, ndh, rbc, rpo, psb D ... [30], bem como uma troca intensa entre estes dois organelos. Especulando sobre a génese das membranas dos tilacóides e de acordo com esta forma de pensar, estas devem ter origem nas membranas internas dos mitoplastídeos.

Fig. 18. mostram a maquinaria de divisão estromal e citosólica dos plastídeos nos cloroplastos.

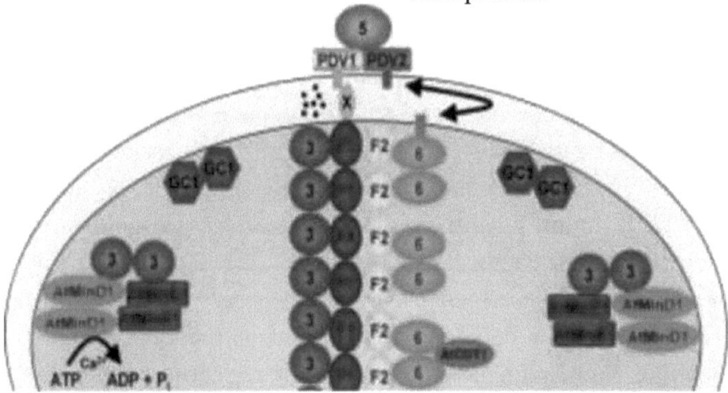

Fig. 18. Mecanismos de divisão estromal e citosólica de plastídeos. Como primeiro passo da montagem da maquinaria de divisão estromal, AtFtsZ1-1 (F1) e AtFtsZ2-1 (F2) formam um anel Z no centro dos cloroplastos. ARC6 (6) e ARC3 (3) são recrutados para o anel Z através de interações específicas com AtFtsZ2-1 e AtFtsZ1-1, respetivamente. AtCDT1 também interage com ARC6, embora a localização de AtCDT1 não seja conhecida. A colocação do anel Z requer a ação combinada de AtMinE1, AtMinD1 e possivelmente ARC3, que formam um complexo e podem localizar-se nos pólos plastidiais. GC1 localiza-se no lado estromal da membrana do envelope interno e forma dímeros. PDV1 e PDV2 localizam-se em estruturas em forma de anel na superfície citosólica da membrana do envelope externo e recrutam ARC5 para o local da divisão, constituindo a maquinaria de divisão citosólica. A coordenação e a sinalização entre as duas maquinarias de divisão podem ocorrer através de uma interação direta entre proteínas conhecidas (por exemplo, entre ARC6 e PDV1), podem exigir proteínas do espaço intermembranar ainda não identificadas (×) ou através da ação de componentes de sinalização (pontos negros).

Pode deduzir-se que a evolução da via biossintética dos pigmentos das plantas começou em Archaea e terminou na enzima biossintética Mg-tetrapirrol, codificada pelo genoma mitoplastídico de um proto-eucariota aeróbio, que surgiu após a divisão da duplicação do genoma completo das arqueas e foi resolvida por recombinação genética. A evolução das apoproteínas do centro de reação da planta (espetro de genes PS I e PS II), começa a partir da proteína do citocromo b arqueano, primeiro por um evento de duplicação e subsequente substituição e integração da função da família de genes nif arqueanos (como um componente ativo ou proteínas reguladoras) no cluster PG do proto-eucariota aeróbico não produtor de oxigénio acima mencionado. Esta forma de pensar pode ser apoiada pela descoberta de que um ortólogo do gene slr 2013, cujo produto está envolvido na montagem funcional do fotossistema II, é encontrado em Archaea [31]. O gene da rubredoxina cianobacteriana (rub A), cujo produto está envolvido na montagem do fotossistema I, tem um domínio de 50 aminoácidos com uma semelhança muito elevada com a rubredoxina arqueana. Portanto, os genes de arqueas e cianobactérias envolvidos na montagem e estabilidade do PSI e PSII têm um ancestral comum!!!

Os complexos clorofilianos de captação de luz, os ficobilissomas e os clorossomas constituem os principais tipos de sistemas de captação de luz para os organismos utilizarem o complexo de evolução do oxigénio na fotossíntese oxigenada. Na arqueia *Haloarcula marismorti* [32], foram identificadas nove proteínas semelhantes a precursores da plastocianina, bem como ficocianobilinas, que são os principais componentes dos ficobilissomas. *H. marismorti* tem pelo menos 29 proteínas únicas que contêm um motivo de domínio de resposta à luz encontrado em plantas e fitocromos de cianobactérias. Num ambiente favorável, por mutação(ões) genética(s), influenciada(s) pelas forças motrizes acima mencionadas, todos os genes fotossintéticos das arqueas podem evoluir para os genes fotossintéticos das plantas. Este tipo de evolução genética associada à duplicação de genes pode possibilitar a passagem evolutiva dos organismos arqueanos não produtores de oxigénio para os organismos produtores de oxigénio das plantas.

Com o tempo, as enzimas dependentes do oxigénio substituirão gradualmente a versão anaeróbia, de modo que a lista atual de enzimas anaeróbias poderá ser apenas uma pequena fração do número que existia na Terra anaeróbia.

Uma vez que o genoma do mitoplastídeo foi organizado desta forma, contendo dois replicões funcionalmente polarizados (mitocondrial e plastidial), pode sofrer o mesmo processo que dividiu o da mitocôndria do replicão nuclear [33-34]. É óbvio que tanto a integração do complexo de oxidação da água como a duplicação de todo o genoma do mitoplastídeo podem fornecer uma nova sequência de ADN, mas certamente a duplicação do genoma completa o replicão do gene fotossintético e causa a fissão do mitoplastídeo por recombinação genética (Fig. 19.), como é o caso da fissão do compartimento mitocondrial do compartimento nuclear do gene.

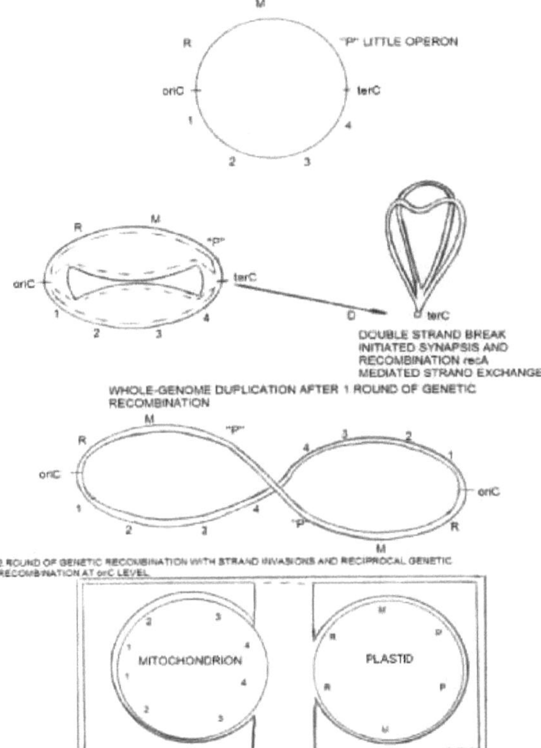

Fig. 19. Conjunto das etapas subsequentes que levam à cisão do genoma mitoplastídico proto-eucariótico nos compartimentos mitocondrial e plastidial. 1, 2, 3, 4 - diferentes operões no replicão mitocondrial, R, M, P - diferentes operões no replicão fotossintético, "P" - pequeno operão fotossintético primitivo.

3.12.REFERÊNCIAS

1. Green BR: in Light-harvesting antennas in photosynthesis, eds Green B.R., Parson W.W. (Kluwer, Dordecht, Países Baixos) 2003, pp 129-168.

2. Mulkidjanin AY, Koonin EV, Makarova KS, Mekhedov SL, Sorokin A, Wolf YI, Dufresne A, Partensky F, Burd H, Kaznadzey D, Haselkorn R, Galperin MY. O núcleo do genoma das cianobactérias e a origem da fotossíntese. PNAS 2006(pnas.org/content/103/35/13126.full).

3. Castresana J, Luben M, Saraste M, Higgins DG:. Evolução da citocromo oxidase, uma enzima mais antiga que o oxigénio atmosférico. *EMBO J.* 1994, 13: 2516-2526.

4. Esposito MD, Emanuela F, Zannoni D: Caracterização funcional e purificação parcial da ubiquinol-citocromo c oxidoredutase de plantas superiores. *Plant Physiol.* 1985, 77: 758-764.

5. Iwsaki T, Wagaki T, Oshma T: Resolução do sistema respiratório aeróbio da arqueia termoacidofílica *Sulfolobus sp.* estirpe 7. *J. Biological Chemistry* 1995, 270, (52) : 30902-30908.

6. Xiong J, Bauer CE: A cytochrome b origin of photosynthetic reaction centers: an evolutionary link between respiration and photosynthesis. *J. Mol.Biol.*2002, 322 (5):
1025-1037.

7. Eisen JA, Nelson EK, Paulsen IT, Heidelberg JF, Wu M, Dodson RJ, Deboy R: A sequência completa do genoma de *Chlorobium tepidum* TLS, uma bactéria fotossintética, anaeróbia e verde-enxofre. *PNAS* 2002, 99 (14):9509-9514.

8. Debus RJ: Iões de manganês e cálcio na evolução do oxigénio fotossintético. *Biochim. Biophys. Ata* 1992,1102: 269-352.

9. Wincencjusz H, Yocum CF, Gorkom HJ: Aniões activadores que substituem o Cl no complexo de evolução do O2 do fotossistema II retardam a cinética do passo terminal na oxidação da água e desestabilizam os estados S2 e S3. *Biochemistry* 1999, 38 : 3719-3725.

10. Rivas de las JD, Balser M, Barder J: Evolution of the oxygenic photosynthesis: genome-wide analysis of the OEC extrinsic proteins. *Trends in Plant Science* . 2004, 9 (1): 18-25.

11. Maitena J, Saulduboa A, Mansot JL, Gros O: Uma espécie de thraumarchaeal mesofílica do manguezal de Guadelupe (F.W.I.). Resumo do Poster 63rd Instituto do Golfe e das Pescas das Caraíbas (GCFI) 2011, 63 : 507.

12. Dehal P, Boore JL: Duas rondas de duplicação do genoma completo no vertebrado ancestral. *PloS Biol.* 2005, 3 : e314.

13. Stupar M: Duplicação do genoma completo de arqueobactérias e origem dos eucariotas. *Nature Precedings* .2008, 17: 29.

14. Meng J, Wang F, Zheng Y, Peng X, Zhou H, Xioa X: Um produto

não cultivado
crenarchaeota contém bacterioclorofila a sintase funcional. *Revista ISME* 2009,3 : 106-116.
15. Chein YT, Zinder SH: Clonagem, organização funcional, estudos de transcrição e análise filogenética dos genes estruturais completos da nitrogenase (nif HDK2) e genes associados na arqueia *Methanosarcina bekeri*. *J. Bacteriology* 1996,178: 143148.
16. Schutz M., Brugna M, Lebrun E, Baymann F, Huber R: Early evolution of cytochrome bc complexes. *J. Mol. Biol.*2000, 300: 663-675.
17. Schmidt CL, Anemuller S, Teixeira M, Schafer G: Purificação e caraterização da proteína Rieske ferro-enxofre do crenarchaeon termoacidófilo *Sulfolobus acidocaldarius*. FEBS Letters, 1995, 359 (2-3): 239-243.
18. Fujuta Y, Takahashi Y, Chuganji M, Matsubara H: O gene nifH-like (frxC) está envolvido na biossíntese de clorofila na cianobactéria filamentosa *Plectonema boryanum*. *Plant and Cell Physiology1992*, 33: 181-192.
19. Burke DH, Hearst JE, Sidow A: Early evolution of photosynthesis: Clues from nitrogenase and chlorophyll iron proteins. *Proc. Natl. Acad. Sci.* 1993. EUA. 90: 71347138.
20. Hemmi H, Takahashi Y, Shibuya K, Nakayama T, Nishno T: Prenil redutase específica da menaquinona da arqueia hipertermofílica *Archaeoglobus fulgidus*. *J. Bacteriology* 2005,187(6) : 1937-1944.
21. Olson JM. 1970: The evolution of photosynthesis. *Sciene* 1970, 108: 438-446.
22. Blankenship RE, Hartman H : A origem e a evolução da fotossíntese oxigenada. *Tendências Biochem. Sci.*1998l, 23: 94-97.
23. Liang MC, Hartman H, Kirschvink J,Yung YL : Produção de peróxido de hidrogénio na atmosfera de uma Terra bola de neve e a origem da fotossíntese oxigenada. *Proc. Natl. Acad. Sci.* 2006, 1039: 18896-18899.
24. das Gupta J, Willigen RT, Dismukes GC: Consequences of structural and biophysical studies for the molecular mechanism of photosynthetic oxygen evolution: functional roles for calcium and bicarbonate. *Phys. Chem. Chem. Phys*. 2004, 6: 47934802.
25. Esther-Malitz : A coproporfirinogénio III oxidase (hem F) de *Escherichia coli*. Dissertação, 2002, Berlim, Alemanha.
26. Sofia HJ, Chen G, Hetzler BG, Reyes-Spindola JF, Miller NE : Radical SAM, uma nova superfamília de proteínas que liga etapas não resolvidas em vias biossintéticas familiares com mecanismos radicais: caraterização funcional utilizando novos métodos de análise e visualização de informação. *Nucleic Acids Res*. 2001, 29 : 1097-1106.
27. Jasche PRA : Tese de doutoramento Descoberta e caraterização de uma nova via biossintética de zinco-bacterioclorofila e de um fotossistema num mutante de magnésio-quelatase. Alemanha, 2010, http:// hdl.handle.net/2429/2723

28. Futterer O, Angelov A, Liesegang H,Gottschalk G, Schleper C, Schepers B, Dock C, Antranikian G,Liebl W: Sequência do genoma de *Picrophilus torridus* e suas implicações para a vida em torno do pH O. PNAS 2004,101 (24): 9091-9096.
29. Rodionov DA, Vitreschak AG, Mironov AA, Gelfand MS: Comparativ genomics of the vitamin B12 metabolism and regulation in prokaryotes. *J. Biol. Chem.* 2003, 278: 41148-41159.
30. Hirokazu H :A sequência completa de nucleótidos e o conteúdo de edição de RNA do genoma mitocondrial da colza (*Brasica napus* L): análise comparativa dos genomas mitocondriais da colza e da *Arabidopsis thaliana. Nucleic Acid Res.*2003, 31 (20): 5907-5916.
31. Kufryk GI, Vermaas WFJ: Slr 2013 é uma nova proteína que regula a montagem funcional do fotossistema II em *Synechocystis sp.* Strain PCC 6803. *J. of Bacteriol.* 2003, 185 : 6615- 6623.
32. Baliga NR, Bonneau MT, Facciotti MP, Glusman G, Deutsch EW: Sequência do genoma de *: Haloarcula marismortui* : Uma arqueia halofílica do Mar Morto. *Genome Res.* 2005, 14: 2221-2234.
33. Stupar M : Nucleogénese e origem dos organelos. *Arch. Oncol.* 2008, 16 (3-4) : 88-92.
34. Stupar M, Vidovic V, Lukac D, Strbac Lj : Ancestral arquebacteriano dos eucariotas e mitocondriogénese. Revisão de Biotecnologia e Biologia Molecular, 2013,7 (4): 84-89.
35. Stupar M, Borojevic K: Gene effect for seed protein content in wheat (Efeito genético para o teor de proteínas nas sementes de trigo). Genetika. 1987. 22, 3, 165-172.
36. Stupar M: Combining abilility for seed protein content in wheat (Capacidade de combinação para o teor de proteínas nas sementes de trigo). Cereal Research Comunication. 1988.16:189-193.

NOVO COMPARTIMENTO RIBOSSÓMICO

Tudo isto foi até agora apenas uma introdução à questão básica que se coloca, e que é: - porque é que existe o Cosmos, ou seja, o que é que se passa com tudo isto? Para dar uma resposta afirmativa há que, antes de mais, perceber o que é o Cosmos? Um dos obstáculos que nos impede de o conseguir é o nosso cérebro, um dos acontecimentos cósmicos mais marcantes. Para construir uma galáxia inteira são necessários, com um pouco de sorte, cerca de 500 milhões de anos. Para o desenvolvimento do cérebro humano, mais de 4 mil milhões de anos, desde a primeira centelha de vida na Terra até aos nossos dias, não são suficientes. O que é suposto acontecer para que o cérebro perceba a razão da sua própria existência, ou seja, a razão biológica da existência do ser mental. Um dos passos em direção a uma verdade absoluta é o desenvolvimento do terceiro organelo - o organelo ribossómico (Fig. 20.).

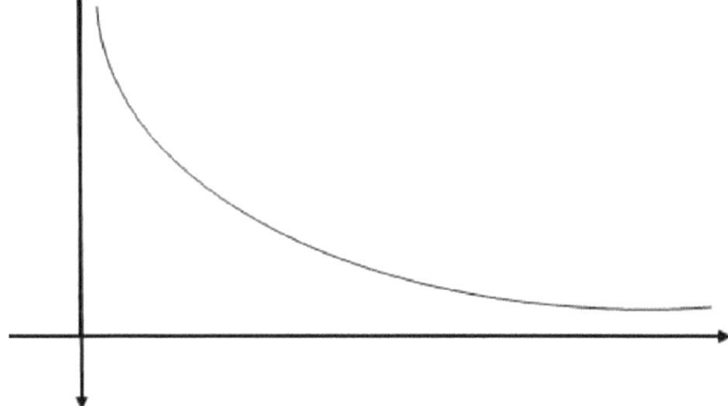

Fig. 20. Desenvolvimento do cérebro: (linha do tempo) - linha vertical e conhecimento absoluto do Universo - linha horizontal.

3.13. INTORDUÇÃO

A atenuação do genoma mitocondrial implicou a transferência de genes do organelo para o núcleo. Este evento é um processo ativo, predominante e contínuo [1]. Quando existe o benefício de ter um gene mitocondrial presente no núcleo, mas ausente na mitocôndria, a autofertilização aumenta drasticamente a taxa e a probabilidade de transferência de genes. No entanto, na ausência de tal benefício, quando as taxas de mutação mitocondrial excedem as do núcleo, a auto-fertilização diminui a taxa e a probabilidade de transferência de genes [2]. A transferência de genes é um processo de fundamental importância para o estabelecimento e evolução de organelas em células eucarióticas. No genoma mitocondrial original, antigo, havia aproximadamente 100 genes ribossómicos, que codificam as proteínas ribossómicas e o RNA ribossómico. Durante a evolução, todos eles, exceto dois (12S rRNA e 16S rRNA), passaram para o núcleo. Se os ~98 genes ribossómicos se moveram durante a evolução da mitocôndria para o núcleo, é lógico assumir que os restantes dois também o farão. Nos oócitos de anfíbios, por exemplo, os genes ribossómicos têm a capacidade de formar rDNA extracromossómico que se replica independentemente nos nucléolos extra-cromossómicos [3]. Devido à estrutura compacta inerente ao nucléolo somático das células de mamíferos, é difícil individualizar os genes ribossómicos da maior parte do genoma. Os locais do rDNA 45S nos cromossomas são referidos como regiões de constrição secundária. Os locais de constrição e a fragilidade cromossómica podem ser indicativos de uma replicação estagnada. As lacunas e quebras cromossómicas nas plantas estavam exclusivamente associadas ao rDNA 45S e assemelhavam-se a locais frágeis nos cromossomas humanos [4].

As células de mamíferos em crescimento ativo contêm 5-10 milhões de ribossomas, o que constitui uma razão suficiente, no que diz respeito ao consumo de energia, para a compartimentação do nucléolo. Se o organelo ribossómico tiver de incluir também genes de proteínas ribossómicas (RPG), isso pode ser possível através de translocação cromossómica funcional e recombinação inter-cromossómica entre pares de cromossomas contendo RPG e cromossomas acrocêntricos 13, 14, 15, 21 e 22.

3.14. ORGANIZAÇÃO DO RDNA MITOCONDRIAL HUMANO

A figura 21 mostra a região do ADNmt que contém o ADNr 12S e o ADNr 16S ligados à região de controlo com funções reguladoras. A alça D é um trecho de ~1100 pb de comprimento marcado por uma estrutura de fita tripla que engloba uma região curta duplicada da fita pesada, o chamado DNA 7S. Na ansa D, existe uma origem de síntese e transcrição da cadeia pesada e uma origem de transcrição da cadeia leve do ADNmt. Esta região, a alça D, seria o local ideal para a recombinação genética se envolver na transferência destes rDNA 12S e 16S, como peças inteiras, para o nucléolo.

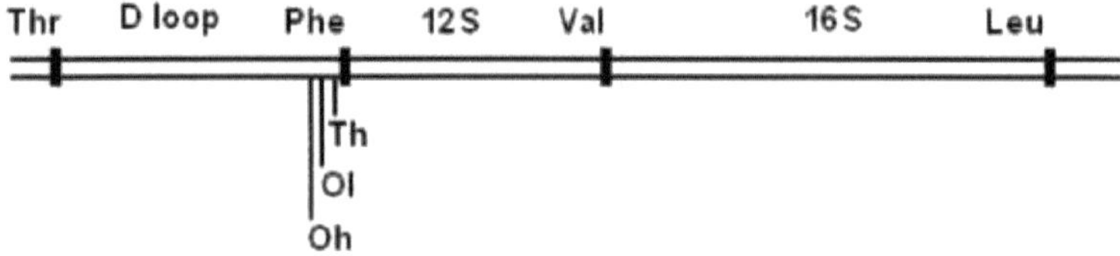

Fig. 21. Organização do rDNA mitocondrial humano. Genes ribossómicos 12S e 16S. Thr, Phe, Val, Leu representam genes de tRNA. Th - origem da transcrição da vertente pesada, Oh - origem da replicação da vertente pesada, Ol - origem da transcrição da vertente leve.

3.15. INFRA-ESTRUTURA DO ACEITADOR RIBOSSÓMICO

Nos eucariotas superiores, os genes do ADN ribossómico nuclear (rDNA) estão normalmente organizados em duas famílias multigénicas. Uma família maior codifica para 28S, 5.8S e 18S rRNA (Fig.22.), e uma família menor contém apenas genes 5S rRNA. O 5S rDNA é constituído por uma região transcrita conservada de 120 pb, com um espaçador intergénico variável (espaçador não transcrito - NTS). O 5S rDNA está localizado noutro local do genoma na maioria dos eucariotas.

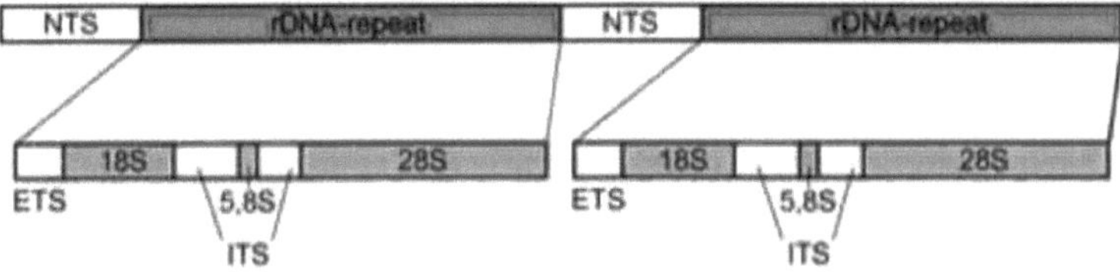

Fig. 22: O rDNA nuclear eucariótico consiste numa repetição em tandem de um segmento unitário, um operão, composto por quadros NTS, ETS, 18S, ITS1, 5.8S, ITS2 e 28S. NTS - espaçadores não transcritos, ETS - espaçadores transcritos externos, ITS - espaçadores transcritos internos.

No núcleo, a região do rDNA do cromossoma é visualizada como um nucléolo que forma alças cromossómicas expandidas com o rDNA. Essas regiões também são chamadas de organizadores nucleolares, pois dão origem ao nucléolo. O nucléolo tem uma organização tripartida que reflecte a separação espacial das etapas da biogénese ribossómica. O início do processo começa nos centros fibrilares (CF), onde o rRNA 45S é transcrito pela RNA polimerase1 a partir do rDNA. O processamento do pré-RNAr, bem como a montagem do RNAr com as proteínas ribossómicas e o RNAr 5S, ocorrem no componente fibrilar denso (DFC) e no componente granular (GC) do nucléolo (Fig. 23.) [5].

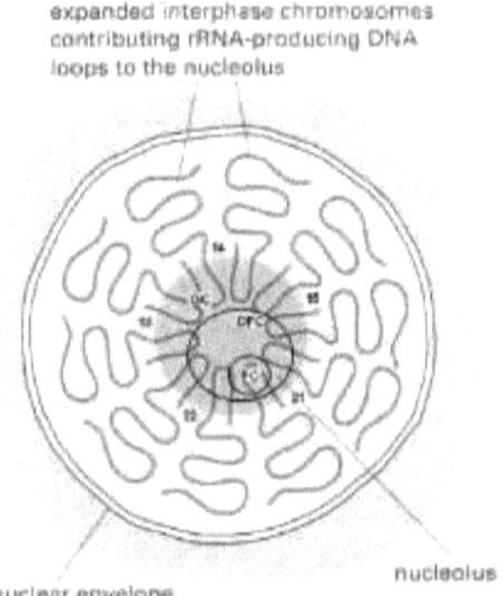

Fig. 23. Nucléolo humano com anéis de cromatina contendo genes rRNA em cinco pares de cromossomas interfásicos (13, 14, 15, 21 e 22), e a sua organização tripartida com FC - centro fibrilar, DFC - componente fibrilar denso e GC - componente granular. (De: J. Sroval, Struktura a funkce buneceho jadra.).

Os produtos deste processo, as subunidades 40S e 60S do ribossoma, são exportados, através dos poros nucleares, para o citoplasma. A densidade interna do nucléolo deve representar a futura matriz ribossómica, tal como a matriz mitocondrial. O nucléolo é montado em torno de várias centenas de cópias do gene repetido 45S rRNA agrupado nos braços curtos dos cromossomas 13, 14, 15, 21 e 22 [6,7]. Seria razoável esperar que estes dois genes restantes acabassem no nucléolo. No que diz respeito às proteínas, a investigação proteómica no nucléolo humano permitiu a identificação de cerca de 350 proteínas [8]. Curiosamente, foi relatada uma evidência de síntese proteica mesmo no interior do núcleo [9]. Estes factos falam a favor do facto de o nucléolo estar bem equipado para se tornar um novo organelo celular.
Pensa-se que a evolução concertada da família de genes é mediada por recombinação intercromossómica entre repetições de rDNA, mas tais eventos resultariam também na conservação das sequências distais ao rDNA nesses cinco pares de cromossomas. Os genes de rRNA são transcritos na direção telómero-centrómero, a extremidade 5' do cluster e as sequências adjacentes não-RDNA são conservadas nos cinco pares de cromossomas, e a extremidade 5' do cluster está posicionada ~3,7 kb a montante do local de início da transcrição da primeira unidade de repetição. Estes dados apoiam um modelo de evolução concertada por recombinação inter-cromossómica.

Fig. 24. Se o braço p (curto) é tão curto que é difícil de observar, mas ainda assim está presente, então o cromossoma é ***acrocêntrico*** *(o "acro-" em acrocêntrico refere-se à palavra grega para "pico"). O genoma humano inclui seis cromossomas acrocêntricos: 13, 14, 15, 21, 22 e o cromossoma Y.*

Num cromossoma acrocêntrico, o braço p contém material genético, incluindo sequências repetidas, como as regiões organizadoras nucleolares, e pode ser translocado sem danos significativos (Fig. 24.), como numa translocação Robertsoniana equilibrada. Pensa-se que os cromossomas X e Y evoluíram a partir de um par de cromossomas idênticos denominados autossomas, quando um mamífero ancestral desenvolveu uma variação alélica, o chamado "locus sexual" - a simples posse deste alelo fazia com que o organismo fosse macho. O cromossoma com este alelo passou a ser o cromossoma Y, enquanto o outro membro do par passou a ser o cromossoma X. Ao longo do tempo, os genes que eram benéficos para os machos e prejudiciais para as fêmeas (ou que não tinham qualquer efeito sobre elas) desenvolveram-se no cromossoma Y ou foram adquiridos através do processo de translocação. Até há pouco tempo, pensava-se que os cromossomas X e Y tinham divergido há cerca de 300 milhões de anos. No entanto, uma investigação publicada em 2010, e particularmente uma investigação publicada em 2008 que documenta a sequenciação do genoma do ornitorrinco, sugeriu que o sistema de determinação do sexo XY não estaria presente há mais de 166 milhões de anos, aquando da separação dos monotermes dos outros mamíferos (Warren et al. 2008). Esta reestimativa da idade do sistema XY dos terrestres baseia-se na descoberta de que as sequências que se encontram nos cromossomas X dos marsupiais e dos mamíferos eutherianos estão presentes nos autossomas dos ornitorrincos e das aves. A estimativa mais antiga baseava-se em relatos erróneos de que os cromossomas X do ornitorrinco continham estas sequências.

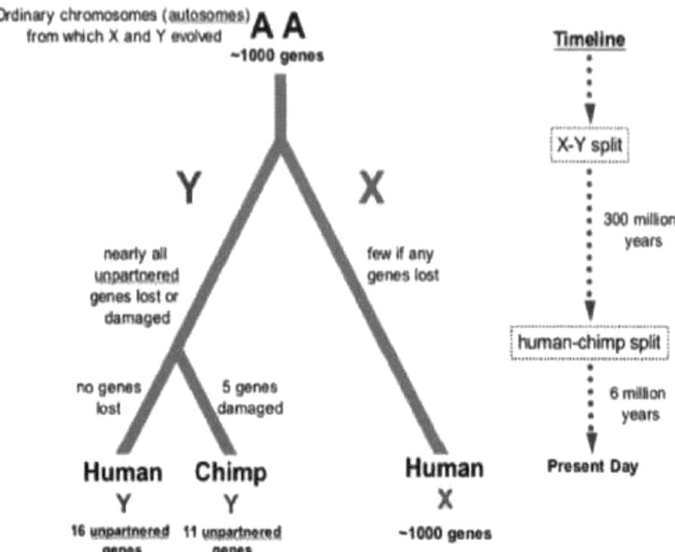

Fig. 25. O cromossoma Y é também um cromossoma acrocêntrico. (De: Whitehead Institute News 2005.).

Em comparação, o cromossoma X ocorre aos pares nas mulheres e tem a capacidade de se recombinar e, consequentemente, de encobrir quaisquer mutações que possam estar presentes. Consequentemente, mesmo que uma mutação no cromossoma X seja transmitida, pode não resultar necessariamente na eliminação do gene, ao passo que, no cromossoma Y (Fig. 25.), uma vez que essa recombinação não é possível, o que é transmitido no cromossoma Y é o que será herdado, sem hipóteses de ser encoberto. Isto inclui as mutações que, em última análise, resultam na degradação do gene.

Embora muitos genes se tenham perdido do cromossoma Y, ainda existem alguns sobreviventes. Os investigadores parecem sugerir que estes genes são mantidos devido à sua importância. Esta hipótese foi comprovada comparando a expressão e a função do gene no cromossoma Y com o seu homólogo no cromossoma X. As suas funções eram diferentes, o que levou à conclusão de que estes genes específicos do cromossoma Y desempenham funções específicas que não podem ser desempenhadas por nenhum outro gene.

Pensa-se que o mecanismo de conversão que o cromossoma Y desenvolveu, num esforço para se reparar, não é tão eficiente como o mecanismo utilizado pelo resto do genoma, permitindo assim que as mutações surjam mais rapidamente. Estas mutações são então sujeitas a uma maior pressão selectiva do que o resto do genoma - devido ao seu papel importante na produção de esperma. Espera-se que quaisquer mutações vantajosas sejam preservadas, pois aumentam a fertilidade, enquanto as deletérias

seriam rapidamente eliminadas do pool genético.
Através do processamento elaborado de um único rRNA 45S policistrónico, o precursor transcreve-se, originando os três RNAs ribossómicos - 28S, 18S, 5.8S [10]. A maturação dos precursores das subunidades ribossómicas pequenas e grandes (SSU e LSU, respetivamente) é também nucleolar [11]. A montagem da LSU no nucléolo envolve a incorporação do rRNA 5S que é transcrito a partir de genes não nucleolares pela RNA polimerase-3 [12]. A estimulação da transcrição do rDNA é suficiente para aumentar todo o processo de biogénese ribossómica [13]. Nesta base, a organização e o fluxo do processo, terminando com a formação do compartimento ribossómico, podem ser deduzidos. A transferência do rDNA 12S e do rDNA 16S para o núcleo seria um sinal suficiente para a formação do putativo novo organelo. A compartimentação nucleolar dependente da transcrição de várias proteínas oferece uma série de potenciais factores de stress que podem ser libertados em caso de lesão celular [14]. Por outro lado, a exportação nuclear e a inativação de mensageiros de sinalização de stress, como o p53, podem exigir um *nucléolo intacto* [15].
O 12S rRNA é um componente das pequenas subunidades 40S do ribossoma. Tal como o grande 16S rRNA, tem um papel estrutural, actuando como um andaime que define a posição da proteína ribossómica. A extremidade 3' contém a sequência anti Shine-Dalgarno, que se liga a montante do códão de arranque AUG no ARNm. A extremidade 3' do ARN 16S liga-se a S1 e S21 e é conhecida por estar envolvida no início da síntese proteica [16]. O 12S rRNA interage com o 16S, auxiliando na ligação de duas subunidades ribossómicas. O 16S rRNA estabiliza o emparelhamento correto códon-anticódon no sítio A do ribossoma. O 12S rRNA e o 16S rRNA mitocondrial dos mamíferos são muito mais curtos do que o 16S rRNA e o 23S rRNA bacterianos.
A génese ribossómica eucariótica envolve 80 proteínas ribossómicas, mais de 200 proteínas não ribossómicas e 75 pequenos RNAs nucleolares. Ao contrário dos rRNAs, cada proteína ribossómica dos mamíferos é tipicamente codificada por um único gene. Dos 80 genes de proteínas ribossómicas, 75 estão mapeados e encontram-se amplamente dispersos. Ambos os cromossomas sexuais e pelo menos 20 dos 22 cromossomas contêm um ou mais genes de proteínas ribossómicas. O cromossoma 19 contém doze genes rp [17].

3.16. APRESENTAÇÃO DA HIPÓTESE - MECANISMOS DE TRANSFERÊNCIA DOS GENES PARA O NÚCLEO

Existem várias formas de transferência de genes dos organelos para o núcleo. Os genes podem ser transferidos por edição de RNA, por transferência direta de DNA, por recombinação nuclear envolvendo DNA derivado da mitocôndria, por minicírculos, etc. Existe também um processo inverso, a retrotransferência do núcleo para os organelos, para os mesmos genes que tinham sido anteriormente passados para o núcleo.

A edição de ARN envolve, normalmente, a conversão de uracilo em citosina (U para C) no ARNm primário. Um gene que codifica a proteína RPS2 está presente no genoma mitocondrial de vários cereais, com sete sítios de edição no seu mRNA, mas não existe nas dicotiledóneas [18, 19]. Em vez disso, nestas espécies, o gene mt rps2 foi transferido para o núcleo. O mecanismo de transferência do ADN mitocondrial das plantas para o núcleo processa-se através de um intermediário cDNA. No entanto, em vários genomas mitocondriais não existem sítios de edição nos rRNAs e tRNAs, provavelmente devido às sequências conservadas desses genes. Por conseguinte, a transferência potencial destes dois genes, 12S rDNA e 16S rDNA, através de edição pode provavelmente ser excluída.

No que diz respeito à transferência direta de ADN, o exemplo mais conhecido é o ADNmt *de Arabidopsis*. O pedaço transferido deste mtDNA tem 620 kb de comprimento, e originou-se de duplicações internas de grandes segmentos deste mtDNA completo [20, 21, 22].

Outro método interessante de transferência direta de ADN encontra-se nos cloroplastos dos dinoflagelados. Estes têm "mini-círculos", cada um codificando um único gene ("um gene - um círculo"), em vez do típico grande círculo multigénico. A forma como os minicírculos se formaram a partir de um grande pedaço circular de ADN não é clara, mas os minicírculos podem fornecer uma pista para encontrar um mecanismo de transferência de genes, porque podem ser facilmente embalados para a viagem. Foram encontrados minicírculos de um único gene no genoma mitocondrial de mesozoários [23].

A recombinação é uma fonte inesgotável de variação genética e de novas funções. A recombinação envolve a transferência de ADN em bloco e a recombinação no cromossoma nuclear. Por exemplo, um pedaço de ADN da mitocôndria do arroz contendo um fragmento da região codificadora rps19, um fragmento da região codificadora rps3 e um segmento do intrão do grupo II do gene rps3 recombinaram-se na região 3' de um gene nuclear para a ATPase vacuolar [24].

A transferência da proteína Cox2 com novas etapas de ativação do gene para as mitocôndrias de espécies de leguminosas indica que a pré-sequência foi clivada num processo de três etapas que foi independente da montagem. Neste caso, a pré-sequência da Cox2 de 136 aminoácidos (aa) é constituída por três regiões: 20 aa para o direcionamento para a mitocôndria, 104 aa para a importação da proteína Cox2 para a mitocôndria e os últimos 12 aa para a maturação da proteína importada [25]. Isto indica possibilidades inesgotáveis para a transferência de genes e o engenho das células na resolução das suas próprias necessidades.

3.17. TRANSFERÊNCIA DE 12S DNA E 16S DNA PARA O NÚCLEO

Perto do nucléolo encontra-se o campo de atividade da telomerase (transcriptase reversa). A telomerase é um exemplo especializado de transcriptase reversa, uma enzima capaz de sintetizar uma sequência de ADN a partir de um molde de ARN (3'...AACCCCAAC...5'). A telomerase actua ao nível dos telómeros, localizados tão perto do nucléolo que, de facto, não estão separados espacialmente. Se esta enzima estivesse envolvida em todo o processo, qual seria o cenário?

Podem ser delineadas várias etapas importantes: I. - Processamento do mRNA do DNA 12S e 16S, com splicing do tRNA para valina; II - entrada deste mRNA no núcleo; III - transcrição reversa do mRNA ribossómico 12S+16S; IV- síntese de DNA ds; V - recombinação genética do novo DNA (12S+16S) com o rDNA no nucléolo; VI - separação extra-cromossómica do rDNA completo e circularização do genoma do novo operão; VI - formação de membrana em torno do genoma ribossómico (Fig. 26.).

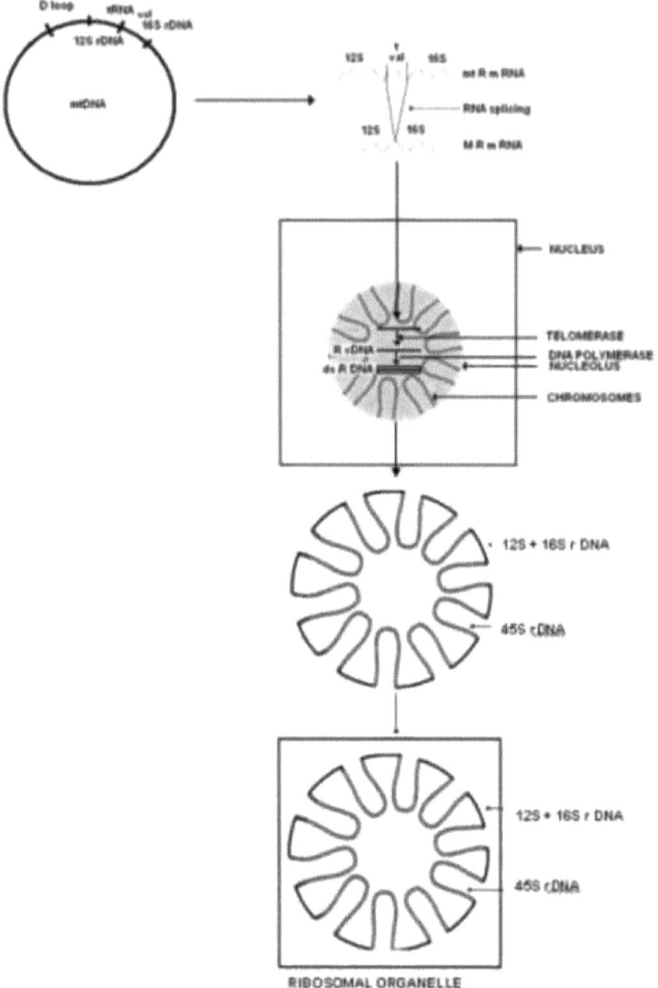

Fig. 26. Forma exótica do mecanismo elaborado de transferência de rDNA do genoma mitocondrial para o nucléolo. Começa com o splicing do RNAt para valina. O rRNA maduro entra no núcleo e, no nucléolo, com a ajuda da telomerase e da DNA polimerase, transforma-se em ds rDNA. O rDNA 45S quebra-se no sítio frágil e permite a recombinação do rDNA.

Há duas maneiras de um organelo recém-formado sair do núcleo. Uma delas é através da membrana nuclear, e a outra através dos poros nucleares. O melhor momento para esse evento seria na divisão celular, quando as proteínas que participam desse processo, principalmente na síntese da membrana, são abundantes. A membrana nuclear humana é uma bicamada lipídica única ininterrupta que possui uma face externa e uma face interna. É possível que o genoma ribossómico possa, pelo menos inicialmente, ganhar a sua membrana única no interior do núcleo, durante a divisão celular. Os exemplos dos planctomicetos [26] e do *Ignicoccus* , em que o citosol está rodeado por duas membranas completas e distintas [27], indicam que podem surgir novas membranas *de novo* na evolução, pelo menos nos procariotas. O gatilho para toda a cascata de eventos pode ser a entrada desses dois genes no núcleo.

3.18. IMPLICAÇÃO DA HIPÓTESE - IMPLICAÇÕES MÉDICAS

O rRNA é muito importante na medicina e na análise evolutiva. O rRNA é um alvo de vários antibióticos: eritromicina, cloranfenicol, sarcina, estreptomicina. O rRNA é o único de todos os genes que está presente nas células de todos os organismos. O rDNA, em particular o rDNA 12S e 16S, é utilizado na sequenciação, para identificar o grupo taxonómico de um organismo e estimar as taxas de divergência entre espécies.

Tendo em conta o papel das mitocôndrias e do nucléolo no funcionamento das células, podemos estimar o impacto desta mudança evolutiva na saúde humana. Esta mudança levaria a um equilíbrio entre as funções da organela mitocondrial e ribossómica, afectando a bioquímica de toda a célula. A perda do operão ribossómico permitiria que a mitocôndria desempenhasse as suas funções de forma mais fácil e eficiente. Isolado, o organelo ribossómico regularia melhor o seu próprio papel. Haveria uma influência nas funções celulares básicas, desde a síntese de proteínas Fe-S até ao crescimento neuronal e à manutenção a longo prazo de neurónios maduros. É importante notar que a alteração destes cinco pares de cromossomas permitiria ao genoma nuclear lidar com funções ainda mais luxuosas, e prevê-se que isto poderia ter um impacto nos campos mais elevados da atividade cerebral. Isto iria, sem dúvida, aumentar e melhorar o desempenho biológico e mental.

3.19. EM VEZ DE UMA CONCLUSÃO

O ADN mitocondrial humano (ADNmt) tem 16.569 pares de bases (pb) de comprimento e codifica 37 genes. No decurso da evolução, quase todos os genes que expressam proteínas ribossómicas e genes de ARN ribossómico (ARNr) foram transferidos da mitocôndria para o núcleo. No entanto, o DNA mitocondrial contém dois genes de RNAs ribossómicos (12S e 16S), que ainda não foram transferidos para o núcleo. Estes dois deverão, mais cedo ou mais tarde, acabar no núcleo. O que é que o futuro reserva para estes genes?

No núcleo já está tudo preparado, uma vez que todos os genes das proteínas ribossómicas estão codificados cromossomicamente, e os organizadores nucleolares, o nucléolo e o 45 rDNA estão desenvolvidos, à espera que os genes 12S rRNA e 16S rRNA se juntem a eles, permitindo assim a formação do terceiro organelo contendo ADN, o compartimento ribossómico. Qual poderá ser a razão para este acontecimento

importante na existência da vida na Terra, tal como é entendida atualmente?
O aparecimento do organelo ribossómico terá provavelmente um enorme impacto nas caraterísticas reprodutivas e na atividade intelectual (pensamentos, ideias abstractas e complexas, imaginação, sonhos, espírito) do cérebro. Poderá ser esta a resposta à questão: O ser humano ainda está a evoluir?
Os três eventos mais importantes na evolução biológica são o desenvolvimento do núcleo e da mitocôndria, a origem do cloroplasto e a futura formação do organelo ribossómico.
Num futuro próximo, através da recombinação genética, será criada uma terceira organela nova contendo ADN - o compartimento ribossómico. A evolução não é aleatória, espontânea ou instintiva, mas tem um objetivo específico. O objetivo de toda a evolução biológica (tal como a entendemos atualmente em termos filosóficos) é desenvolver um cérebro para conhecer a verdade absoluta, para reconhecer a inteligência última. Isto significa que a capacidade das sequências de ADN não codificantes do ser humano irá aumentar. Todos os 22.000 genes codificantes do genoma humano têm as mesmas funções que em todos os outros organismos e são usados para actividades não intelectuais. Um dos melhores exemplos de universalização em biologia é a glicólise, cujas enzimas são as mesmas em todos os organismos. Outro exemplo proeminente de universalização em biologia é encontrado nos citocromos, o complexo citocromo bc1 nas mitocôndrias e o citocromo b6f nos cloroplastos. Estas duas quinol oxidoredutases na respiração ("fotossíntese inversa") e na fotossíntese estão intimamente relacionadas e parecem partilhar um antepassado comum. Em contrapartida, ainda não conhecemos uma única via bioquímica, nem genes, envolvidos no desenvolvimento ou na criação de pensamentos. Se os pensamentos forem geneticamente controlados, ou seja, se forem o resultado da expressão de genes, haverá uma periodicidade no seu aparecimento.
No genoma humano existem cerca de 22.000 genes com funções conhecidas ou desconhecidas. As funções de cerca de 30% dos genes de genomas completamente sequenciados não são conhecidas. Haverá algum processo novo na célula, cuja existência não é conhecida? Desde o início da evolução biológica, os primeiros organismos semicelulares não possuíam qualquer material genético e esses organismos foram capazes de viver durante muito tempo, em termos evolutivos, até à sua morte física, não biológica. O que acontecerá quando surgir o novo organelo ribossómico? Os organismos em que estas mudanças ocorrem viverão muito mais tempo do que podemos supor, e presumivelmente, tudo por causa de uma inteligência superior.
Isto terá certamente um impacto na atividade reprodutiva. A redução da atividade reprodutiva pode permitir a utilização dos restantes 80%-90% da capacidade cerebral que atualmente não utilizamos. O cromossoma Y está já em fase de perda da sua importância genética. No entanto, é provável que os maiores ganhos sejam no

desenvolvimento intelectual. Finalmente, é evidente que outros primatas, para além do homem, possuem esta mesma organização genética do ADN mitocondrial. Isto levanta a questão: Em que organismos ocorrerá esta nova mudança? (Isto não é um apelo ao extermínio dos primatas).

A redução do número de genes no cromossoma Y segue-se à redução do número de genes nas mitocôndrias, que é inversamente proporcional ao aumento do número de genes ribossómicos no núcleo. A perda de genes do cromossoma Y levaria ao desaparecimento das diferenças entre os sexos. A situação seria semelhante à que existia antes do aparecimento dos cromossomas X e Y. Neste caso, podemos supor que a causa da homossexualidade nas mulheres é a perturbação na expressão dos genes do cromossoma X. Neste caso, o gene ou genes correspondentes em ambos os cromossomas X seriam expressos. Análise pormenorizada para determinar que parte do ADN está também envolvida neste processo. A perda dos genes de uma mitose pode ser explicada pelo processo de formação dos cromossomas. A perda dos genes de um genoma mitocondrial (gene ribossómico), permitem a produção efectiva de energia. Com a deslocação dos dois últimos genes ribossómicos do organelo mitocondrial para o núcleo, seria possível a evolução do novo organelo ribossómico. Por um lado, temos o desaparecimento das diferenças entre os sexos e, por outro, a utilização racional da energia. As células, o corpo, o cérebro, a vida, não existem apenas para si próprios. Tudo o que existe tem o seu propósito, o seu objetivo final. Para compreender o objetivo último da existência da vida, devemos compreender as razões da existência do ADN nos organelos celulares. A existência de organelos permitiria um aumento da atividade mental e a utilização da esfera superior no cérebro, e assim compreender a razão da existência do Universo. A partir desta teoria sobre a decifração do princípio da vida, deve ser que tudo o que procura explicar esta teoria, deriva dela, sem emenda. E também, tudo o que existe no Cosmos, e diz respeito a esta teoria, deve encaixar-se nela sem emendas.

A Figura 27 representa a árvore da vida baseada na origem do genoma das arqueas e dos mitoplastídeos por recombinação genética e no desenvolvimento do organelo ribossómico.

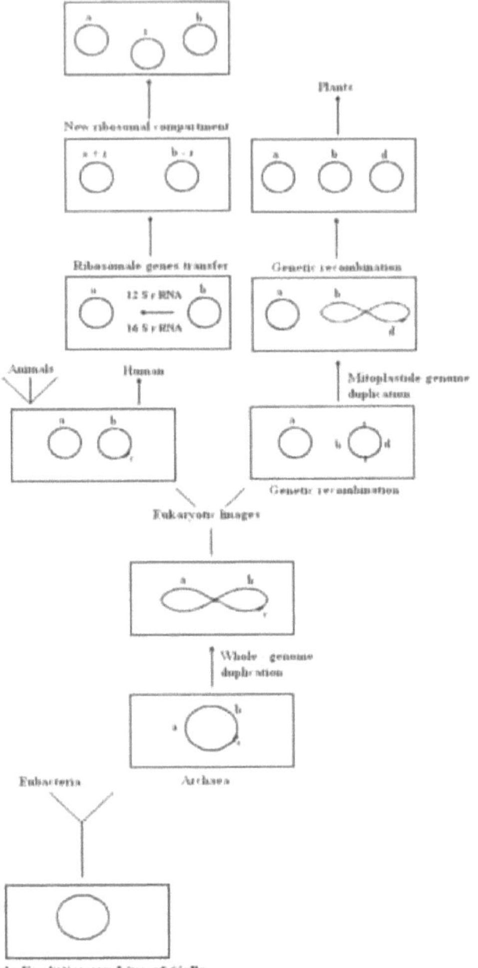

Figura 27. Evolução filogenética e desenvolvimento dos organelos. Legenda: a = genoma do núcleo, b = genoma da mitocôndria, c = genoma do operão mitoplastidial, d = genoma do replicão mitoplastidial, r = genoma ribossomal. A representação esquemática da figura 27. corresponde ao esquema da figura 7.

3.20.REFERÊNCIAS

[1] Henze, K. & Martin, W. (2001). Como é que os genes mitocondriais chegam ao núcleo? *Tendências em Genética, 17* - 383-387.

[2] Brandvain, Y. & Wade, M.J. (2009). The functional transfer of gene to nucleus: the effects of selection, mutation, population size and rate of self-fertilization. *Genética, 108* - 1129-1139

[3] Blankenship, R.E. (2001). Evidência molecular para a evolução da fotossíntese. *Tendências em Ciências Vegetais, 6,* 4-6.

[4] Gall, J.G. (1968). Síntese diferencial dos genes para o RNA ribossómico durante a oogénese dos anfíbios. *Proc. Natl.Acad. Sci. USA, 60,* 553-560.

[5] Huang. J., Ma. L., Yang, F., Fei, S. & Li, L. (2008). As regiões do rDNA 45S são sítios de fragilidade cromossómica expressos como lacunas in vitro no cromossoma metafásico das células meristemáticas da ponta da raiz em Lollium ssp. *PloS ONE, 3,* 2167

[6] Hetman, M. & Pietrzak M. (2012). Papéis emergentes do nucléolo neuronal. *Tendências em Neuro. Sci., 35*, 305-314.

[7] Henderson, A.S., Warburton, D. & Atwood, K.C. (1973). Conectivos de DNA ribossómico entre o cromossoma acrocêntrico humano. *Nature, 245*, 95-97.

[8] Worton, R.G., Sutherland, J., Sylvester, J.E., Willard, H.F., Bodrug, S., Dube, I., Duff, V. & Ray, P.N (1998). Genes do RNA ribossómico humano: Orientação do arranjo em tandem e conservação da extremidade 5'. *Sci., 239*, 64-68.

[9] Andersen, J.S., Lyon, C.E., Fox, A.H., Leung, A.K., Lam, Y.W., Steen, H., Mann, M. & Lamond, A.I. (2002). Análise proteómica dirigida do nucléolo humano. *Curr. Biol.,12*, 1-11.

[10] Iborra, F.J., Jackson, D.A. & Cook, P.R.(2001). Transcrição e tradução acopladas em núcleos de células de mamíferos. *Sci., 293,* 1139-1142.

[11] Maidak, B.L., Olsen, G.J., Larsen, N., Overbeek, R., Mc Caughez, M.J.& Woese, C.R. (1997). O RDP (Ribosomal Database Project). *Nucleic Acids Res., 25,* 109111.

[12] Kressler, D., Hurt, E. & Bassler J. (2010). Conduzindo a montagem ribossómica. *Biochim. Biophys. Ata, 1803*, 673-683.

[13] White, R.J.(2008). RNA Polymerase I e III, RNAs não codificantes e cancro. *Tendências em Genética, 24*: 622-629.

[14] Laferte, A., Favry, E., Sentanac, A., Riva, M., Carles, C. & Chédin, S. (2006). A atividade transcricional da RNA polimerase I é um determinante chave para o nível de todos os componentes do ribossoma. *Genes Dev., 20*, 2030-2040.

[15] Boulons, S., Westmann, B.J., Hutten, S., Boisvert, F.M. & Lamond, A.I. (2010). O nucléolo sob stress. *Mol. Cell, 40*, 216-227.

[16] Boyd, M.T., Vlatkovic, N. & Rubbi, C.P. (2011). O nucléolo regula diretamente a exportação e degradação de p53. *J. Cell Biol, 194*: 689-703.

[17] Geige, P. & Brennicke, A. (1999). Edição de RNA em efeitos de mitocôndrias de Arabidopsis 441C para U mudanças em ORFs. *Proc. Natl.Acad. Sci. USA, 96*: 15324-15329.
[18] Vaitilingom, M., Stupar, M., Grienenberger, J.M. & Gualberto, J.M.(1998). Um gene que codifica uma proteína RPS2 está presente no genoma mitocondrial de vários cereais, mas não em dicotiledóneas. *Molec. Gen.l Genet., 258,* 530-537.
[19] Stupar, M., Gualberto, J.M., Bonnard, G. & Grienenberger, J.M. (1998). Estrutura e edição de um gene que codifica a proteína ribossómica S2 em mitocôndrias de trigo. *Arch. Biolog. Sci., 50,* 29-40.
[20] Stupar, R., Jason W.L., Christopher, D.T., Zhukuan, C., Kaul, S., Buell, R. & Jiang, J. (2001). O mtDNA complexo constitui uma inserção de aproximadamente 620 kb no cromossoma 2 de Arabidopsis thaliana: implicação de potenciais erros de sequenciação causados por repetições de unidades grandes. *Proc. Natl. Acad. Sci. USA, 98*: 5099-5103.
[21] Stupar, M., Vidovic, V., Lukac, D. & Ljuba S. (2012). Ancestral arquebacteriano de eucariotas e mitocondriogénese. *Biotech. Mol. Biolog. Rew.,* 7, 84-89
[22] Stupar, M., Vidovic, V. & Lukac D. (2011). Função das sequências de DNA não codificantes humanas. *Arch. Oncol, 19,* 81-85.
[23] McFadden, G. (1999). Círculos cada vez mais pequenos. *Nature, 400,* 119-120.
[24] Kubo, N., Takano, M., Nishiguchi, M. & Kadowaki, K. (2001). A sequência mitocondrial migrada a jusante de um gene nuclear da V-ATPase B é transcrita mas não funcional. *Genes, 271,* 193-201.
[25] Daley, D.O., Adams, K., Clifton, R., Qualmann, S., Millar A.H., Palmer, J.D., Pratje, E. & Whelan, J. (2002). Transferência de genes da mitocôndria para o núcleo: novos mecanismos para a ativação de genes a partir de Cox2. *The Plant J., 30,* 11-21.
[26] Martin, W. (2005). Archaebacteria (Archaea) e a origem do núcleo eucariótico. *Curr. Opin. Microbiol, 8,* 630-637.
[27] Kupar, U., Meyer, C., Muller, V., Reinhard, R. & Huber, H. (2010). Membrana externa energizante e separação espacial de processos metabólicos na arqueia hipertermofílica Ignicoccus hospitalis. *Proc. Natl. Acad. Sci. USA*, *107*, 3152-3156.
[28] Warren WC, Hillier LDW, Graves JAM, *et al.* (2008). "A análise do genoma do ornitorrinco revela assinaturas únicas de evolução". *Nature* 453 (7192): 175-183.

FUNÇÕES DAS SEQUÊNCIAS DE ADN NÃO CODIFICANTES HUMANAS

3.21. INTRODUÇÃO

Existimos num mundo maravilhosamente concebido e regido por leis de partículas elementares, como se pensava até agora. O desenvolvimento da teoria das cordas abriu um capítulo e uma forma de pensar completamente novos. Uma ligação estreita entre o ADN, a água e as cordas, bem como as suas propriedades, levam à ideia de que a alma é o abrigo dos nossos pensamentos. Menos de 2% do genoma humano haploide codifica proteínas (cerca de 23.000 genes), enquanto o resto consiste em genes de ARN não codificante, sequências reguladoras e intrões. Outras sequências não-codificantes (cerca de 98%) têm uma função provável mas ainda não determinada, uma inferência dos elevados níveis de homologia e conservação observados em sequências que não codificam proteínas mas que parecem estar sob forte pressão selectiva. O resto do ADN, cerca de 2,9 mil milhões de pares de bases, representa: a hereditariedade cultural da família da pessoa, e uma parte que está a ser formada pela pessoa durante a sua vida, o que dá a resposta sobre a utilidade das sequências não codificantes. A cada par de nucleótidos unem-se algumas décimas de moléculas de água, dependendo dos pares de bases A-T ou C-G. As moléculas de água não ficam permanentemente unidas ao ADN (a ligação não é covalente), mas desligam-se a cada 0,5-1 ns, formando e deixando a molécula de ADN. É sabido que a estrutura do ADN depende da água e que "a água lembra-se dos pensamentos".

A água lembra-se dos pensamentos e, dependendo dos pensamentos de uma pessoa, transporta-os para a estrutura física do ADN. No início da organização física da molécula de água existem cordas. Quando uma pessoa morre, o ADN e uma molécula de água são desligados, deixando apenas cordas com caraterísticas apropriadas, condicionadas pela estrutura tridimensional do ADN moldado pela água. Cada pessoa tem uma aparência única de cordão, tal como acontece com os flocos de neve (a impressão do ADN nos cordões). Com base nisto, pode concluir-se que a alma é o abrigo e o depósito dos pensamentos. Após a descoberta de células semelhantes a esporos no tecido parenquimatoso de mamíferos há muito extintos, bem como em seres humanos, impôs-se a ideia da ligação destes "flocos de neve de pensamentos" com o ADN destas células após a vida mundana.

À nascença, formam-se cerca de 500 óvulos na fêmea, enquanto os espermatozóides se desenvolvem mais tarde, a partir da puberdade. Para fertilizar o óvulo existente, deve ser escolhido um espermatozoide. No momento da escolha do espermatozoide apropriado, o sexo da criança é determinado, a base genética e a herança cultural do seu antepassado já foram codificadas no ADN do óvulo fertilizado. Biliões de espermatozóides esperam para serem escolhidos, mas apenas um tem a oportunidade, o que significa que a vida é uma grande dádiva. É uma boa base para a ideia de que a vida, uma vez dada, nunca termina, nem física nem espiritualmente. Esta ideia merece uma explicação e esta é uma das formas de a explicar. O ADN no genoma humano está organizado em 24 cromossomas distintos, o cromossoma 1 tem o maior número de genes (2968) e o cromossoma Y tem o menor número de genes - 231. Os genes constituem apenas cerca de 2% do genoma humano; o restante é constituído por regiões não codificantes, cujas funções podem incluir a integridade estrutural dos cromossomas e a regulação de onde, quando e em que quantidade as proteínas são produzidas. Estima-se que o genoma humano contenha 20.00023.000 genes. O genoma humano contém 3164,7 milhões de pares de bases. Um gene médio é constituído por 3000 bases, mas o seu tamanho varia muito, sendo o maior gene humano conhecido a distrofina, com 2,4 milhões de bases. Quase todas, 99,9% das bases nucleotídicas, são exatamente iguais em todas as pessoas. As funções são desconhecidas para mais de 50% dos genes descobertos. Os "centros urbanos" do genoma humano, densos em genes, são predominantemente compostos pelos blocos de ADN G e C. Em contraste, os "desertos" pobres em genes são ricos nos blocos de ADN A e T. Os genes parecem estar concentrados em áreas aleatórias ao longo do genoma, com vastos espaços de ADN não codificante pelo meio. Extensões de até 30.000 bases C e G repetidas vezes ocorrem frequentemente adjacentes a áreas ricas em genes, formando uma barreira entre os genes e o "ADN lixo". Acredita-se que estas ilhas CpG ajudam a regular a atividade dos genes, o que está de acordo com a ideia deste artigo, relativamente ao estado de hidratação do ADN.

3.22. HIDRATAÇÃO DO ADN

A hidratação do ADN é um fator importante na determinação das propriedades físicas, químicas e biológicas das diferentes regiões do ADN. Os estudos de difração de fibras de raios X indicam um elevado grau de especificidade estereoquímica na interação entre a água e a dupla hélice de ADN. Os dados que demonstram que as conformações moleculares assumidas pelo ADN nas fibras são altamente reprodutíveis e que a transição entre estas conformações, induzida pela hidratação, é totalmente reversível. Estas transições conformacionais são induzidas pela variação da humidade relativa do ambiente da fibra e, consequentemente, do seu teor de água. Outras provas da especificidade estereoquímica provêm da dependência observada da conformação assumida em relação ao conteúdo iónico da fibra e à sequência de nucleótidos do ADN. Se os processos bioquímicos que envolvem o ADN evoluíram de forma a explorar as caraterísticas estruturais observadas nas fibras de ADN e nos monocristais de oligonucleótidos, é de esperar que os desafios no desenvolvimento de alternativas a um ambiente aquoso sejam muito grandes. A hidratação é crucialmente importante para a conformação e utilidade dos ácidos nucleicos (1). A força destas interações aquosas é muito maior do que a das proteínas, devido ao seu carácter altamente iónico (2). A dupla hélice de ADN pode assumir várias conformações, por exemplo, o passo de ADN A para a direita 28,2 Â 11 pb, o passo de ADN B 34 Â 10 pb, o passo de ADN C 31 Â 9,33 pb, o passo de ADN D 24,2 Â 8 pb e o passo de ADN Z para a esquerda 43 Â 12 pb, com diferentes hidratações. O ADN natural predominante, o ADN-B, tem um sulco principal largo e profundo e um sulco secundário estreito e profundo e requer a maior hidratação. Necessita de cerca de 30% do peso de água para manter a sua conformação nativa no estado cristalino. A desidratação parcial converte-o em A-DNA, com um sulco maior estreito e profundo e um sulco menor muito largo mas pouco profundo, diminuindo a energia livre necessária para a deformação e torção do A-DNA, que é empregue para encorajar o enrolamento em supercírculo mas que acaba por conduzir à desnaturação (3). Uma maior desidratação resultaria no D-DNA menos hidratado (favorecido pelo excesso de contra-iões, iões que protegem as cargas de fosfato do ADN), que tem um sulco menor muito estreito com uma cadeia de água e contra-iões alternados distribuídos ao longo da sua borda (4). A hidratação é maior e mais fortemente mantida em torno dos grupos fosfato que correm ao longo das bordas internas dos sulcos principais.

No entanto, as moléculas de água não estão situadas de forma permanente, devido à distribuição difusa dos electrões dos grupos fosfato. A hidratação é mais ordenada e mais persistente em torno das bases, com a sua capacidade de ligação de hidrogénio mais direcional e espaço restrito. As moléculas de água são mantidas relativamente fortes, com tempos de residência para a primeira concha de hidratação de cerca de 0,5-1 ns (2). Devido à estrutura regular do ADN, a água de hidratação é retida de forma cooperativa ao longo da dupla hélice, tanto nos sulcos maiores como nos menores. A natureza cooperativa desta hidratação ajuda tanto o zipping (recozimento) como o unzipping (desenrolamento) da dupla hélice

Os ácidos nucleicos possuem vários grupos que podem estabelecer ligações de hidrogénio com a água, tendo o ARN uma maior extensão de hidratação do que o ADN devido aos seus átomos de oxigénio extra (isto é, ribose O2') e sítios de bases não emparelhadas (Fig. 28.). Estes grupos hidroxilo extra também criam hidratação adicional no ARN duplex, uma vez que fornecem um suporte para a rede de hidratação do sulco menor (5). No ADN-B, a guanina liga-se por hidrogénio a uma molécula de água dos grupos 2-amino do sulco menor e 6-ceto do sulco maior, com uma hidratação simples adicional nos átomos de azoto do anel livre (sulco menor N3 e sulco maior N7). A citosina liga-se por hidrogénio a uma molécula de água dos grupos 4-amino e 2-ceto do sulco principal. A adenina liga-se por hidrogénio a uma molécula de água a partir do grupo 6-amino do sulco principal, com uma hidratação simples adicional nos átomos de azoto do anel livre (sulco menor N3 e sulco maior N7). A timina (e o uracilo, se estiverem emparelhados em bases no ARN) liga-se a uma molécula de água a partir dos grupos 2-ceto do sulco inferior e 4-ceto do sulco superior. O total de todas estas hidratações, num duplex G-C, seria de cerca de 26-27 moléculas de água. Existem várias formas de dispor estas moléculas de água, possuindo o ADN-B 22 sítios possíveis de hidratação primária por par de bases num duplex G-C, mas ocupando apenas 19 deles (6). Esta hidratação é mais forte no duplex A-T, com cerca de 44 moléculas por par de bases (7). Em média, 35-40 moléculas de água estão ligadas por hidrogénio a um par de bases. 3 biliões de pares de bases humanas ligam cerca de 120 biliões de moléculas de água, o suficiente para marcar cada segundo da nossa existência.

A estrutura do ADN depende da forma como estes locais são ocupados; a água proporciona o fecho, a dobragem, a torção, o looping, mantendo as duas cadeias unidas. É de notar que cerca de 2% dos locais de hidratação das moléculas de água podem ser transitoriamente substituídos por catiões. O processamento da informação genética no interior do ADN é facilitado por uma ligação proteica forte e altamente discriminatória. Foi demonstrado que as moléculas de água interfaciais podem servir como "impressões digitais de hidratação" de uma determinada sequência de ADN (8). Por exemplo, cerca de 110 moléculas de água são libertadas aquando da ligação da endonuclease de restrição EcoRI ao seu sítio GAATTC, deixando uma superfície essencialmente seca e um complexo firmemente ligado (com uma ligação 10 000 vezes mais forte do que uma ligação não específica) (9). Verificou-se que as moléculas de água altamente estruturadas, com tempos de residência longos, são essenciais para a dinâmica estrutural e a função dos ribossomas, onde a água comunica rearranjos estruturais de forma análoga à sua ação em torno de muitas proteínas. O fragmento de Klenow da polimerase I do ADN de Escherichia coli, por exemplo, que foi co-cristalizado com o ADN duplex, posicionou 11 pares de bases do ADN num sulco que se situa perpendicularmente à fenda que contém o local ativo da polimerase e é adjacente ao domínio de exonuclease *3′* a *5′*. Quando o fragmento se liga ao ADN, uma região anteriormente referida como "domínio desordenado" torna-se mais ordenada e move-se juntamente com duas hélices em direção ao domínio da exonuclease 3' a 5' para formar a ranhura de ligação. Uma extensão 3' de cadeia simples de três nucleótidos ligada ao local ativo da exonuclease 3' a 5' (10). A estrutura é altamente simétrica, com cada monómero a conter três domínios de topologia idêntica. O que acontece quando as moléculas de água alteram a estrutura espacial do ADN, bem como a estrutura tridimensional da DNA polimerase (uma vez que a estrutura da proteína é determinada pela água)? Nesse caso, não existe uma relação estreita entre o ADN e a polimerase. Se o erro não for corrigido, a estrutura do ADN altera-se com várias consequências. O ADN concentrado nos cromossomas deve ser monitorizado como um formigueiro com as suas mudanças estáveis e organizadas entrelaçadas, que são delicadamente planeadas e cada seleção realizada afecta gravemente a bioquímica das células.

3.23. ÁGUA E A MOLÉCULA HÓSPEDE

Esta ideia centra-se numa relação entre o ADN, a água e a transposição de pensamentos-energia. Nesta altura, para estudar a associação psicocinética com o ADN, foi apresentada aos sujeitos uma amostra de água destilada num tubo de ensaio fechado. Cinco indivíduos foram utilizados neste estudo (11). Enquanto seguravam um copo contendo as amostras, foi pedido aos sujeitos que se concentrassem nas amostras e alterassem intencionalmente a sua estrutura durante cinco minutos. Numa sala adjacente, as amostras de controlo foram aliquotadas da solução de reserva original para tubos de ensaio idênticos. As amostras de água foram analisadas por dois métodos diferentes imediatamente após o tratamento. A primeira técnica envolveu a medição das alterações estruturais na água utilizando um espetrofotómetro ultravioleta computorizado com um programa cinético que permite medições automáticas sequenciais (10 segundos de intervalo). Experiências anteriores indicaram que as alterações estruturais eram mais evidentes na região de 200 nm do espetro (12). A segunda técnica consistiu em estudar a capacidade da água tratada para influenciar um sistema biológico. As alterações conformacionais no ADN humano foram escolhidas como alvo biológico, uma vez que a investigação anterior indicou que as alterações intencionais dirigidas pelo coração causavam alterações bidireccionais na conformação do ADN (13). A conformação do ADN foi medida por um espetrómetro UV de 210 a 310 nm. Sabe-se que um aumento da absorvância a 260 nm se deve à desnaturação (desenrolamento) das duas cadeias de ADN. As medições de absorvância foram efectuadas antes e depois da adição de 20 μl de água tratada ou de controlo a 1,0 ml de solução aquosa de ADN da placenta humana (20 μg/ml). Foram testadas três amostras simples tratadas e três amostras de controlo. Os resultados foram expressos como uma alteração percentual nos valores de absorvância a 260 nm. Os resultados preliminares das experiências de ADN indicaram que a água de controlo causou uma diminuição média da absorvância de 0,46% (+/- 0,36) em contraste com a água tratada, que causou uma diminuição de 1,35% (+/- 0,61). Estes resultados sugerem que a água estruturada nas experiências acima referidas facilitou a tendência espontânea do ADN para se rebobinar (diminuir a absorvância). Estes estudos foram uma extensão de investigações anteriores que indicam que a água estruturada com bioenergia altera o crescimento de plantas e células de mamíferos em cultura (14) (Fig. 29.). Até à data, foram apresentados muitos trabalhos deste tipo (confirmando esta ideia), bem como muitos outros relacionados com o chamado "efeito fantasma do ADN".

À pressão ambiente, as moléculas de água formam as cavidades e interagem especificamente com as moléculas encapsuladas (neste caso, com o ADN) (Fig. 30.). Com o aumento da pressão, a água comprime-se, levando eventualmente a alterações estruturais e à expulsão das moléculas de ADN convidadas (15). Após a paragem do funcionamento da célula, apenas o aglomerado de água permanece como um modelo em torno do ADN. Do aglomerado de água, formado desta forma, apenas restam cordas. A velocidade desta reação pode ser de cerca de um femptosegundo.

3.24. CORDAS

Mais adiante, este artigo centra-se na teoria das cordas, tendo em mente uma relação entre o ADN, a água e a composição subatómica do universo, especialmente com as cordas, de modo a explicar o espírito como um "stock de ideias". Vivemos num universo maravilhosamente complexo e temos o privilégio de viver numa época em que se registaram enormes progressos no sentido de encontrar algumas das respostas à nossa curiosidade. A nossa matéria é feita de átomos, que por sua vez são constituídos por apenas três componentes básicos: electrões, neutrões e protões. O eletrão é uma partícula verdadeiramente fundamental (faz parte de uma família de partículas conhecidas como leptões), mas os neutrões e os protões são feitos de partículas mais pequenas conhecidas como quarks. Os quarks são, tanto quanto sabemos, verdadeiramente elementares. Podemos encontrar ligações fascinantes entre as caraterísticas das partículas elementares e a vida quotidiana. O nosso conhecimento atual sobre a composição subatómica do universo está resumido no chamado Modelo Padrão da física de partículas. Este modelo descreve os blocos de construção fundamentais de que o mundo é feito e as forças através das quais esses blocos interagem. Existem doze blocos de construção básicos. Seis deles são os quarks - que têm os interessantes nomes de up, down, charm, strange, bottom e top. Um protão, por exemplo, é composto por dois quarks up e um quark down. Os outros seis são leptões - estes incluem o eletrão e os seus dois irmãos mais pesados, o muão e o tau, bem como três neutrinos. Existem quatro forças fundamentais no Universo: a gravidade, o eletromagnetismo e as forças nucleares fraca e forte. O comportamento de todas estas partículas e forças é descrito com uma precisão impecável pelo Modelo Padrão, com uma exceção notável: a gravidade. Nas últimas décadas, a teoria das cordas surgiu como o candidato mais promissor para uma teoria microscópica da gravidade (16). A teoria das cordas é um modelo de física fundamental, cujos blocos de construção são objectos unidimensionais estendidos chamados cordas, pequenos fios vibratórios de energia, em vez das partículas pontuais de dimensão zero que constituem a base do Modelo Padrão. A ideia básica subjacente a todas as teorias das cordas é que os constituintes da realidade são cordas de tamanho extremamente pequeno (possivelmente da ordem do comprimento de Planck, cerca de 10-35 m) que vibram a frequências de ressonância específicas. Assim, qualquer partícula deve ser pensada como um pequeno objeto vibratório, e não como um ponto. Este objeto pode vibrar em diferentes modelos (tal como uma corda de guitarra pode produzir diferentes notas), com cada modo a aparecer como uma partícula diferente (eletrão, fotão, etc.). As cordas podem dividir-se e combinar-se, o que apareceria como uma partícula que emite e absorve outras partículas, presumivelmente dando origem às interações conhecidas entre as partículas. Com base na teoria das cordas, existem cinco possibilidades diferentes. Supõe-se que uma das cordas seja o "gravitão", ou seja, o portador da gravidade. Três cordas são suficientes para formar partículas elementares através da sua união (associação) e vibração. A hipótese apresentada neste artigo baseia-se na ideia da existência do "mislion", ou seja, a unidade básica que serve para "espalhar pensamentos" (nível mais elevado de atividade cerebral) na água, e através da água no ADN, predominantemente. A última, a quinta corda, seria o "mislion" com a velocidade do "neutrino taquiónico" = 1,52 vezes a velocidade da luz). Esta velocidade foi calculada por Tesla, que é o "pai" dos neutrinos. As cordas fechadas podem mover-se por todo o espaço-tempo a dez dimensões, enquanto as cordas abertas têm as suas extremidades ligadas às membranas D, que são membranas de menor dimensionalidade. A teoria das cordas bosónicas, bem como a fenomenal e mais relevante teoria das Supercordas, tem estados taquiónicos no seu espetro (17). Assim, o "stock de pensamentos" (a alma), supostamente com massa negativa ao quadrado, viaja mais rápido que a luz, contornando buracos negros, quasares e penetrando no "espaço taquiónico", consoante o conhecimento de que é portador. Por outras palavras, o "mislion" representa um aglomerado de taquiões de corda fechada que viajam à velocidade do neutrino taquiónico.

3.25. CONCLUSÃO

O desenvolvimento da teoria das cordas abriu um capítulo e uma forma de pensar completamente novos. Uma ligação estreita entre o ADN, a água e as cordas, bem como as suas propriedades, levou à ideia de que a alma é o abrigo dos nossos pensamentos. Apenas 2% do genoma humano haploide codifica proteínas, enquanto o resto do genoma é constituído por genes de ARN não codificante, sequências reguladoras e intrões. O resto do ADN, cerca de 2,9 mil milhões de pares de bases, representa: a hereditariedade cultural da família da pessoa e uma parte que está a ser formada pela pessoa durante a sua vida, o que dá a resposta para a utilidade das sequências não codificantes. As moléculas de água não ficam permanentemente unidas ao ADN (a ligação não é covalente), mas desligam-se a cada 0,5-1 nsec, formando e deixando a molécula de ADN. É sabido que a estrutura do ADN depende da água e que "a água lembra-se dos pensamentos" e, dependendo dos pensamentos de uma pessoa, transporta-os para a estrutura física do ADN. No início da organização física da molécula de água existem cordas. Quando uma pessoa morre, o ADN e a molécula de água são desligados, deixando apenas cordas com caraterísticas apropriadas, condicionadas pela estrutura tridimensional do ADN moldada pela água. Cada pessoa tem uma aparência única de cordão, como é o caso dos flocos de neve (a impressão do ADN nos cordões).

Durante a vida, uma pessoa cria, através dos seus pensamentos, a parte de um ADN que se relaciona com a hereditariedade pessoal. O ADN assim formado é protegido e marcado por moléculas de água até ao fim da vida dessa pessoa. A questão que se coloca é o que acontece com esta estrutura composta após a morte da pessoa. O ADN e a água são submetidos a uma separação física, e mesmo à destruição do ADN, mas as cordas permanecem como uma unidade não materialista. Com base no que foi dito acima, a água empurra a molécula de DNA para fora e apenas a sua cavidade permanece. Após a decomposição da água, apenas os fios permanecem e formam um conjunto único, ou seja, a "alma". Uma vez que cada pessoa "pensa" de uma forma diferente, todos estes aglomerados de almas são também diferentes, como os flocos de neve, e são indestrutíveis e flutuam no Universo sob a forma de "flocos de neve de pensamentos" (Fig. 31.).

Cerca de quatro horas após a morte, todas as células se extinguem, como se pensava até agora. Os irmãos Vacanti (18) descobriram as células que se podem dividir mesmo após a morte e chamaram-lhes células semelhantes a esporos. As células semelhantes a esporos são células que exibem um comportamento caraterístico dos esporos. As células semelhantes a esporos conhecidas são uma classe específica de células estaminais em organismos adultos, incluindo os seres humanos, que são muito pequenas, muito versáteis e que, na maioria das vezes, permanecem num estado dormente "semelhante a um esporo" enquanto as restantes células do organismo se dividem, crescem e morrem. Apesar da sua dormência, mantêm a capacidade de crescer, dividir-se e diferenciar-se noutros tipos de células que expressam caraterísticas adequadas ao ambiente tecidular do qual foram inicialmente isoladas, se algum estímulo externo as levar a fazê-lo. Esta capacidade de continuar a regenerar novas células foi demonstrada em condições *in vitro* para alguns animais em que todas as outras células morreram, especialmente se o animal morreu devido à exposição a elementos frios. Esta capacidade levou os investigadores a tentar revitalizar células semelhantes a esporos a partir de amostras de tecido de carcaças congeladas depositadas no permafrost durante décadas (carne de morsa congelada com mais de 100 anos e mamutes e bisontes do Alasca com idade estimada em 50 000 anos). Uma vez que o tamanho da célula, inferior a 5 micrómetros, parece bastante pequeno para conter todo o genoma humano, podemos especular sobre o "conceito de genoma mínimo". A questão mais importante é: "qual é a razão da existência de tais células nos seres humanos após a vida mundana". Por conseguinte, os "flocos de neve de pensamentos" (ou seja, a alma) podem estar relacionados com estas células semelhantes a esporos.

3.26. REFERÊNCIAS

1 Watson JD, Crick FHC. Estrutura molecular dos ácidos nucleicos, uma estrutura para os ácidos nucleicos de desoxirribose. Nature. 1953;171:737-8.

2 Makarov Y, Andrews BK, Smith PE, Pettit BM. Tempos de residência das

moléculas de água nos locais de hidratação da mioglobina. Biophys J. 2000;2966-74.
3 Mayer C, Timsit Y. Hidratação e alteração estrutural do A-DNA. Implicações para a exatidão da replicação do ADN. Cell Mol Biol. 2001;47:815-22.
4 Fuller W, Forsyth T, Mahendrasingam A. Water-DNA interaction as studied by X-ray and neutron fiber diffraction. Phil Trans R Soc Lond B. 2004;359:1237-48.
5 Rozners E, Moulder J. Hidratação de oligonucleótidos curtos e 2'-OMe determinada por stress osmótico. Nucleic Acids Res. 2004;32:248-54.
6 Auffinger A, Westhof E. Ligação de água e iões em torno de oligómeros de ARN e ADN (C,G). J Mol Biol. 2000;300:113-1131.
7 Albiser G, Lamiri A, Premilat S. The A-B transition: temperature and base composition effects on hydration of DNA. Int J Macromol. 2001;28:199-203. 8 Fuxreitel M, Mezei M, Simon I, Osman R. Interfacial water as a "hydration fingerprint" in the non-cognate complex of BamHI. Biophys J. 2005;89:903-11.
9 Sidorova NY, Rau DC. Differences between EcoRI nonspecific and "Star" sequence complexes revealed by osmotic stress. Biophys J. 2004;87:2564-76.
10 Beesa LS, Derbyshire, Steitz TA. Estrutura do fragmento de Klenow da DNA polimerase I ligado ao DNA duplex. Science. 1993;260:352-5.
11 Rein G, McCraty R. Mudanças estruturais na água e no ADN associadas a novos estados fisiologicamente mensuráveis. J Scientific Exploration. 1994;8:438-9.
12 Rien G. Armazenamento e legibilidade biológica de informação não hertziana na água. Proc Internat. Tesla Symp, Elswick SR, ed. Colorado Springs: ITS Pub; 1992.
13 Rein. G, McCraty R. Modulação do ADN por frequências cardíacas coerentes. Proc 3º Ann Conf Internat. Soc para Estudo de Energias Subtis e Medicina Energética, Monterey, CA, 1993. p. 58-62.
14 Rein G. Utilização de um bioensaio de cultura de células para medir os campos quânticos gerados por uma bobina de caduceu modificada. Proc Intersoc Energy Convers Engineer Conf. 1991;4:400-3.
15 Sanloup C, Mao HK, Hemley RJ. Transformação a alta pressão em hidratos de xénon. PNAS. 2002;99:25-8.
16 Witten E. Cinco branas e nós. Biblioteca da Universidade de Cornel, arXiv:1101.3216v1 [hep-th]. 2011.
17 Gabella M. Tachyon condensation in open string field theory. Universidade de Oxford, 2008. Ensaio para o curso de Teoria das Cordas II de Philip Candelas. 2008. p. 1-14.
18 Vacanti MPA, Roy J, Cortiella L, Bosnar L, Vacanti CA. Identificação e caraterização inicial de células semelhantes a esporos em mamíferos adultos. J Cell Biochem. 2001;80:455-60.

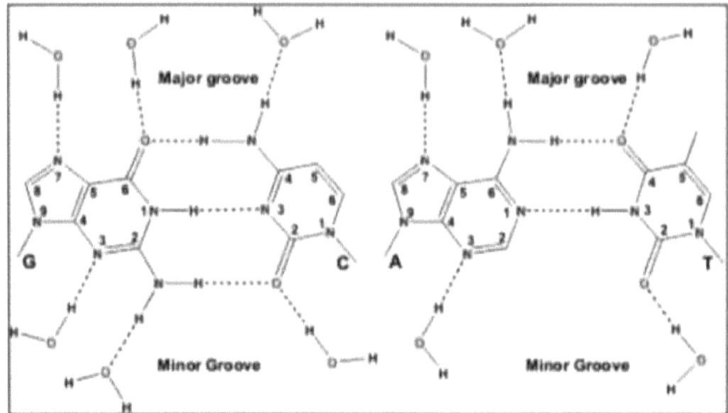

Figura 28. Hidratação dos pares de bases do ADN. A funcionalidade do ADN depende da sua estrutura, pelo que a hidratação do ADN influencia a expressão dos genes.

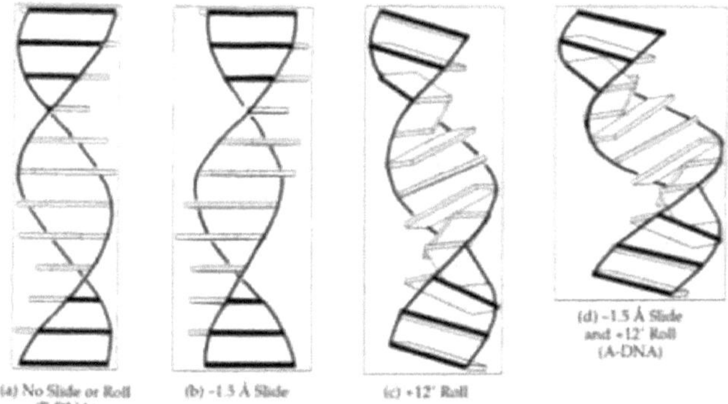

Fig. 29. Conversão em duas fases do ADN-B em ADN-A, variando os dois parâmetros da hélice: deslizamento e enrolamento. (a) B-DNA inicial idealizado. (b) e (c) Estrutura intermédia. (d) Forma de A-DNA. É possível provocar esta mudança com pensamentos?

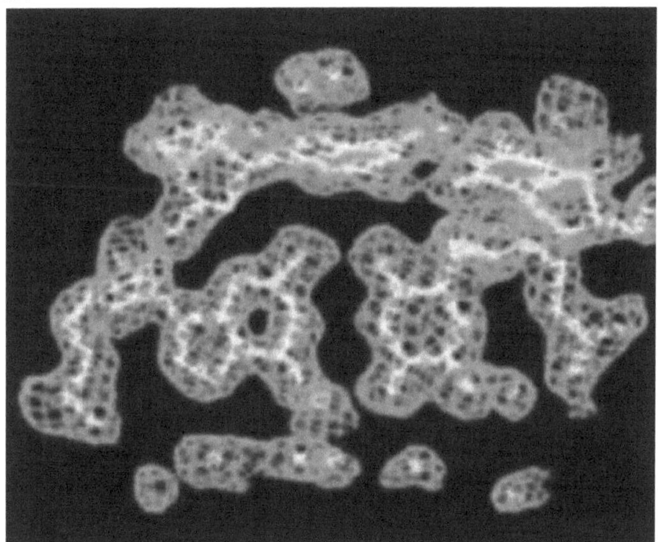

Fig. 30. Aglomerados de água à volta do ADN. O ADN deixou uma marca na água que aperta o ADN como um hóspede, os aglomerados de água apenas permanecem como um modelo à volta do ADN. Dos aglomerados de água formados desta forma só restam cordas.

Fig. 31. Cada floco de neve tem a sua forma própria, consoante o aglomerado de água. Da mesma forma, em função das moléculas de água, os "flocos de neve do pensamento" são diferentes para cada pessoa.

DECIFRAR AS FUNÇÕES DO ADN COM A AJUDA DO MISLION

Geralmente aceite, o raciocínio científico baseia-se na seleção natural darwiniana e na genética mendeliana, segundo a qual as mutações fornecem a matéria-prima para a evolução e a seleção natural fornece a direção das mudanças evolutivas. Atualmente, as coisas parecem diferentes. Para explicar o que se está a passar no mundo do ADN, é preciso consultar a mutação adaptativa e a evolução quântica em Biologia.

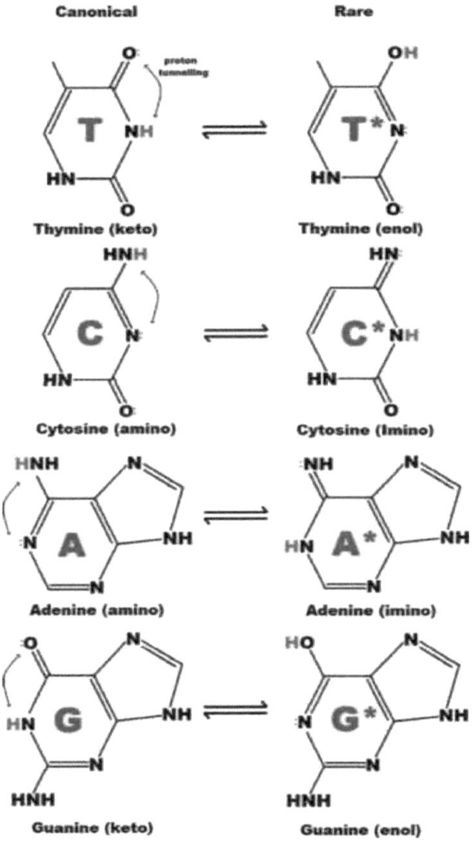

Fig. 32. Estados coerentes de tautómeros de bases de ADN numa sobreposição quântica. A flutuação quântica impulsionada pelo tunelamento da troca de protões permite que o protão entre dois locais adjacentes de uma base exista num estado de sobreposição linear de estados de posição, antes da interação com o ambiente externo ou da medição quântica pela ADN polimerase. Consequentemente, as formas canónicas de ceto-amina e as suas correspondentes formas tautoméricas raras de enol-imina também existem num estado de sobreposição.
(De: M. Rakocevic, Gene, Molekuli Jezk, Naucna knjiga , Beograd. 1988.).

Um momento muito importante na sobreposição quântica do ADN (Fig. 32.) é o emaranhamento quântico (Fig. 33.).

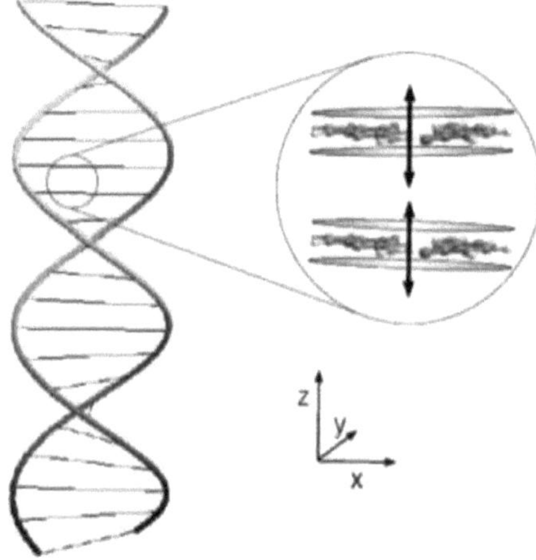

Fig. 33. O emaranhamento quântico é um processo misterioso, resultante do princípio da incerteza de Heisenberg, no qual partículas discretas podem ficar para sempre ligadas umas às outras, mudando de estado quando a outra partícula do par muda de estado, independentemente da distância entre elas.(De: Emerging technology, arXiv 28 de junho de 2010. Quantum
o entrelaçamento mantém o ADN unido).

Suponha que os estados quânticos do ADN dependem do nível de hidratação. A estrutura de açúcar-fosfato do ADN é polar e, portanto, hidrofílica; assim, gosta de estar próximo da água. A parte interior do ADN, as bases, são relativamente apolares e, portanto, hidrofóbicas. Esta dualidade tem um efeito muito estabilizador na estrutura global

da dupla hélice de ADN: o núcleo hidrofóbico da molécula de ADN "quer" ficar escondido no interior da espinha dorsal açúcar-fosfato, que actua para o isolar da molécula polar de água. Devido a estas forças hidrostáticas, existe uma forte pressão que une as duas cadeias de ADN. Assim, neste sentido, estes efeitos quânticos (emaranhamento quântico) são responsáveis por manter o ADN unido.

O ADN humano liga 100 biliões de moléculas de água em cada nanossegundo. Em teoria, existem **3.164.700.000 !** (fatorial) estados quânticos possíveis do ADN. Para resolver esta situação, deve ser introduzida uma nova entidade que possa ser facilmente manipulada com ADN, água e cordas. O ADN humano codifica cerca de 21.700 genes. As sequências codificadoras de proteínas, especificamente os exões codificadores, compreendem menos de 1,5% do genoma humano. Isto significa que a função básica do ADN é reproduzir-se, e que a transcrição está em segundo lugar. Uma grande parte dos genes humanos está relacionada com o desenvolvimento do sistema nervoso central e do cérebro. Mas não existe uma via bioquímica, nem genes que produzam pensamentos. Nesse conjunto de genes, é difícil encontrar um gene que pertença exclusivamente ao ser humano. Uma das raras excepções é um gene que produz a proteína neuropsina II, que desempenha um papel na aprendizagem e na memória humanas. A sequenciação de genes revelou uma mutação específica dos humanos que desencadeia uma alteração no padrão de splicing do gene da neuropsina, criando um novo local de splicing e uma proteína mais longa. A introdução desta mutação no ADN dos chimpanzés faz com que a neuropsina aumente a eficácia da sua função. Atualmente, três doenças humanas são atribuídas ao mau funcionamento desta enzima, reduzindo as funções cognitivas.

Se estes genes afectam o armazenamento de memórias, isso não significa que as estejam a produzir. A memória é o resultado de uma perceção, se não existe uma base bioquímica para a produção de pensamentos, então os pensamentos são entidades não físicas. A maior parte dos genes responsáveis pelo armazenamento de memórias, e quando há uma alteração na sequência de ADN que resulta no armazenamento e leitura das memórias. O mesmo acontece com todos os outros genes do genoma humano, a alteração da sequência de ADN afecta a alteração da função de uma determinada proteína. A conclusão é ainda mais devastadora do que a anterior, uma vez que se segue que um maior número de genes deve causar mais doenças; talvez as arqueobactérias e as eubactérias tenham uma vantagem evolutiva, estando menos expostas a modificações genéticas desvantajosas, em comparação com os eucariotas. A genética, os genes, existem apenas para construir o nosso corpo físico, o nosso fenótipo, ou para moldar a forma como nos desenvolvemos no mundo físico. É difícil aceitar a função marginal dos genes, mas é assim. Desta forma, a Genética é a ciência dos genes e a ciência da hereditariedade é uma investigação do ADN. A parte predominante do ADN é não-codificante. Todo o nosso ADN é influenciado pela informação dos nossos antepassados e pais, bem como pela nossa personalidade. O ADN, tal como a água que constitui o nosso corpo, retém a memória e reflecte a nossa personalidade.

Para explicar o que se está a passar no mundo do ADN, é preciso consultar a mutação adaptativa e a evolução quântica em Biologia. Foi proposto que "quando as populações de células individuais estão sujeitas a certas formas de forte pressão de seleção, surge uma variabilidade que provoca alterações na sequência de ADN que provocam uma mudança apropriada no fenótipo". Isto sugere que existe uma via bioquímica particular que responde a uma pressão selectiva específica para produzir uma mutação que confere o fenótipo correto que aliviará essa pressão. Foram observados resultados semelhantes noutras experiências. Estas experiências sugerem que as mutações bacterianas são influenciadas pela pressão selectiva a que as bactérias estão sujeitas.

O princípio de que a mutação ocorre aleatoriamente em relação à direção da mudança evolutiva tem sido desafiado pelo fenómeno da mutação adaptativa. Até à data, não existe uma explicação geralmente aceite para a mutação adaptativa. Foi sugerido que, para uma explicação adequada da mutação adaptativa, seria necessário o formalismo da teoria quântica e que o fenómeno das mutações adaptativas decorreria naturalmente dessa abordagem.

McFadden demonstrou que a força do acoplamento entre a função de onda do ADN e o seu ambiente tem o potencial de acelerar a taxa de decoerência e, por conseguinte, de aumentar as taxas de mutação para provocar mutações adaptativas. Todos os fenómenos biológicos envolvem o movimento de partículas fundamentais, como os protões ou os electrões, no interior das células vivas e, como tal, são adequadamente descritos por mecanismos quânticos e não clássicos.

A mecânica quântica diz que os protões do ADN que formam a base da codificação do ADN não estão especificamente localizados em determinadas posições, mas devem estar espalhados ao longo da dupla hélice. Assim, o ADN deve existir numa superposição de estados mutacionais. Vários problemas têm de ser ultrapassados para que a evolução quântica seja consistente com o conhecimento atual da mecânica quântica. O mais importante é que o estado de superposição quântica deve durar o tempo suficiente para permitir que o ADN se replique, transcreva e faça o seu trabalho. O ADN oferece, literariamente, 10^{1} ººº estados diferentes, mas não é ele que escolhe a configuração adequada. Sondando mais profundamente a essência das coisas, a resposta à questão de como selecionar e dispensar os numerosos estados quânticos do ADN torna-se aparente. As moléculas biológicas reagem fortemente com os electrões que transportam um spin, e dificilmente com os outros. As moléculas de ADN de cadeia dupla são duplamente quirais (existem nas formas "canhota" e "destra" que não podem ser sobrepostas uma à outra), tanto na disposição das cadeias individuais de ADN como na direção da torção da hélice. Num estudo, quanto mais longa era a molécula de ADN, mais eficaz era a sua capacidade de

"escolher" os electrões com o spin desejado, enquanto que as cadeias simples e os pedaços de ADN danificados não apresentavam esta propriedade. Estas descobertas implicam que a capacidade de "escolher" electrões com um determinado spin deriva da natureza quiral da molécula de ADN, que de alguma forma "estabelece a preferência" pelo spin dos electrões que a atravessam. Isto significa que o ADN pode discernir entre dois estados quânticos.

As moléculas de água não ficam permanentemente unidas ao ADN (a ligação não é covalente), mas separam-se a cada 0,5 - 1 nano segundos, formando e deixando moléculas de ADN, quase digitalizando o ADN. A molécula de água é composta de protões e electrões, que por sua vez são compostos de quarks (10^{-18} m), e de cordas (10^{-35} m), respetivamente; os quarks também são compostos de cordas. Daí resulta que as cordas podem dar uma resposta à existência e à escolha de um determinado estado quântico. A tensão da corda fechada é de 10^{42} kg. "Geralmente aceite", a massa total do Universo é de 10^{53} kg. Para quebrar as cordas, para fazer os seus aglomerados ou estrutura catenária, é necessária uma energia enorme. A escolha entre cordas fechadas e abertas é aqui muito importante. As cordas abertas, ligadas às D-branas de menor dimensionalidade, têm um número finito de estados, enquanto o espetro das cordas fechadas tem um número infinito de estados.

Propor que o ADN ou as células têm um "livre arbítrio" para escolher o seu destino pode parecer um disparate, de facto é um disparate, e não há intenção de implicar qualquer tipo de escolha consciente em células simples. Mas, os pensamentos são mais interessantes, empurrando para longe o "horizonte de eventos" (do buraco negro) até ao infinito da existência. Mas a natureza da escolha dos estados quânticos de ADN correspondentes, corretos, não está resolvida desta forma. Para resolver esta situação, deve ser introduzida uma nova entidade que possa resolver e dar forma a estes três elementos: ADN, água e cordas. Esta entidade, com muito poder, deve ligar e desligar as cordas, ligar a "molécula de água de varrimento" ao ADN e selecionar conscientemente o "estado quântico" correspondente do ADN.

Se o ser humano não produz pensamentos, de onde é que eles vêm? No Universo observável existem quatro forças fundamentais: nuclear fraca e forte, electromagnética e força da gravidade. No exemplo da ligação entre o ADN, a água e as cordas vimos que existe uma outra, uma quinta força que une estas três entidades. A questão de saber se ela existe, e o que deve constituir a quinta força da Natureza é um dilema de longa data. A prova matemática da existência das cordas ajudou a clarificar a imagem dessa força.

As cordas, como entidade física, devem ser um dos anéis da cadeia de intermediários que produziram a vida. O primeiro e mais próximo é a água, e o outro não menos desconhecido é o ADN. Num esforço para compreender as razões da existência da natureza material e espiritual do Universo, o homem utilizou uma pequena percentagem da sua capacidade mental. A razão para isso é a falta de sofisticação do cérebro humano. Para isso, no capítulo 5. vimos o que precisa de acontecer para permitir o uso de 100% da capacidade do cérebro.

De todos os genomas até agora completamente sequenciados, restam cerca de 30% de genes cuja função é desconhecida. É provável que ainda existam algumas das vias

bioquímicas numa célula que não foram detectadas. Orquestrando o equilíbrio harmónico entre os futuros processos detectados na célula e o futuro organelo ribossómico, é possível aumentar a capacidade espiritual do cérebro.
O nosso cérebro emite ondas electromagnéticas na frequência de 8-16 Hz. Mas, neste caso, o eletromagnetismo não pode explicar a forma como o poder dos "mislion's" pode afetar as caraterísticas físicas da matéria. As experiências preliminares sugerem que os "mislions" podem produzir ADN na água usando a reação PCR sem qualquer eletromagnetismo. Assim, a natureza da força que produz o ADN no tubo de ensaio não é o eletromagnetismo, nem a gravidade, mas sim outra coisa, ou seja, a força do "mislion" usada como intermediário entre o universo desconhecido e o nosso mundo físico conhecido.
A energia necessária para as experiências que confirmariam toda esta proposta é difícil de obter em laboratório. Apesar disso, experiências realizadas com sucesso indicaram que o mislion interage de facto ao nível do ADN e da água, e pode ser detectado *in vitro*, em condições laboratoriais razoavelmente normais.
A relação entre os domínios não-vivo, vivo e cognitivo do ser humano pode encontrar uma resolução mais clara quando se considera e instala a "visão da não-partícula" e a influência do mislion. Este assunto toca uma questão fundamental sobre a natureza da vida. Nesta hipótese, o princípio da vida parece ser transmitido e criado, não pela presença imediata de uma substância material, mas mediatamente pela ação do "mislion" através das cordas, da água e do ADN (ou, em alguns casos, do ARN).
De acordo com a teoria quântica dos campos, todas as partículas passam algum tempo como combinação de todas as outras partículas. Isto significa que existe uma entidade comum que determina, por "livre arbítrio" (livremente), o que será a partícula espacial. O candidato mais bem colocado para esta entidade é um "mislion". A própria vida é uma forma materializada de "mislions", ou seja, o poder do "mislion" produziu a matéria e os seres vivos. Para a formação concatenada das cordas fechadas, quanto à forma que a conformação do aglomerado de cordas faz do armazém de pensamentos, é necessária uma enorme quantidade de energia. Esta energia não existe no "Universo Observável". A questão é qual é a força e qual é o portador dessa força, que é capaz de unir e dividir as cordas e afetar a sua vibração, moldando o nosso desenvolvimento neuro-cognitivo ou cerebral e a forma física, o modo de existência da vida.
A melhor forma de testar a hipótese Mislion é numa situação cosmologicamente extrema, como um buraco negro. O cosmólogo russo Dokuchaev especulou que, devido às condições únicas que existem para além do horizonte de eventos em certos buracos negros (carregados e em rotação), é muito possível que exista vida. Os buracos negros são entidades que existem no espaço e que têm forças gravitacionais tão fortes que tudo à sua volta é sugado e engolido, para nunca mais ser visto. Mas, não exatamente, no interior de buracos negros rotativos e carregados as coisas voltam ao

que seria considerado normal, pelo menos na medida em que os fotões podem orbitar a singularidade. E é a existência destes fotões que leva a crer que outros objectos também poderiam existir, alguns dos quais poderiam abrigar formas de vida. De acordo com a hipótese Mislion, mesmo o buraco negro é um produto da quinta força. O "Mislion", como portador dessa força exótica, poderia entrar e sair do buraco negro. Se alguma coisa para além de matéria ou vida existir num buraco negro, é produto do "mislion". Um novo estudo sugere que a substância misteriosa chamada matéria negra pode ser feita de buracos negros. A matéria negra é uma substância teórica que representa 25% da massa total do Universo. Nenhuma das partículas do Modelo Padrão da física de partículas tem as propriedades necessárias para ser matéria negra. Não existe matéria visível suficiente para dar conta da entropia em falta, pelo que o que resta deve ser a entropia da matéria negra em falta. Os buracos negros primordiais de tamanho intermédio poderiam ser responsáveis por este facto. Mas como é que tantos buracos negros se podem ter formado tão cedo na história do Universo? Para explicar esta situação, a dupla inflação, ou seja, dois períodos de inflação poderiam preceder-se um ao outro. A maioria dos cosmólogos acredita que só houve um único período de inflação. Se provarmos a existência da energia escura da mesma forma que a existência da matéria escura, o terceiro período de inflação tem de ser introduzido. O que aconteceria se a origem de 25% da matéria em falta encontrasse uma explicação matemática e, passado algum tempo, as fórmulas matemáticas mostrassem que continua a haver matéria em falta? Trata-se dos fotões que viajam indefinidamente pelo espaço sem perder velocidade nem energia (energia obtida do meio ambiente imerso nos "misliões"). Assim, o conjunto das configurações deve ser objeto de várias alterações. O mesmo acontece com a teoria endossimbiótica de sucessivos acontecimentos simbióticos. De modo que o conjunto das configurações deve ser objeto de várias alterações.

Todas as galáxias existem dentro de aglomerados de matéria escura (Massey et al. 2014.). Sem o efeito restritivo da gravidade da matéria escura, as galáxias separar-se-iam à medida que rodassem. 95% do Universo é composto por "matéria" escura (incluindo a matéria da energia escura), o que torna o Universo oculto à nossa volta. A matéria escura pode interagir com outras forças para além da gravidade. Todo o ADN existe dentro de nuvens de moléculas de água. Sem a constrição da água e o efeito de emaranhamento, a hélice de ADN vibraria tanto que se desintegraria. 98% do ADN é "lixo" com funções ocultas. A escolha do estado quântico correspondente do ADN é uma questão de uma força exótica desconhecida. Esta comparação paralela da matéria escura com o princípio da vida pode produzir uma nova força cujo portador de campo pode ser o míssil, essência em comum para a matéria física e biológica. A confirmação de tal comparação e a afirmação podem ser encontradas no trabalho de Heckman e Rey (2014). Eles argumentam que a matéria bariónica e a matéria escura são formadas pelas cordas (cordas fortemente acopladas). Isso atesta toda a configuração da existência mislion (Stupar 2013, 2015). Nesta unificação cosmológica, a fenomenologia do princípio da vida e a matéria bariónica e escura recebem uma base comum através do produto principal do mislion' s - string. Isto leva-nos à excitante direção para a investigação futura deste fenómeno exótico. Uma outra forma de testar a hipótese Mislion é uma experiência que deverá excluir a influência do campo eletromagnético, de modo a que o ADN e a água sejam influenciados por um "mislion". Os resultados preliminares com a PCR no tubo indicam a sua presença. De tudo isto se pode concluir que os "mislions" produzem constantemente matéria e que este processo é infinito. Se isto for verdade, então não há lugar para a teoria do "Big Bang", e mesmo para a teoria do universo holográfico em estado de estudo. Uma nova era da Cosmologia estaria então à porta. Porque é que existe vida, buracos negros, matéria negra, energia negra, quasares, e se um campo cujos portadores são "mislions" pode explicar tudo.

Perspectivas da hipótese:

Esta é uma tentativa de explicar a vida como um fenómeno cosmológico e a base sobre a qual a estrutura do universo é sublinhada, para unificar as forças físicas, biológicas e exóticas, a fim de as reduzir a um denominador comum. Nas reacções solares, o hidrogénio combina-se com o hidrogénio, formando hélio e libertando enormes quantidades de energia. A saber: pode acontecer durante a produção de cordas pelos misliones. (Chamemos "tamnion" à nova astropartícula que produz a matéria negra). Se o produto principal desse processo são cordas, então o subproduto é "tamnion", ou vice-versa, se o produto principal é "tamnion", então as cordas são um subproduto. A matéria bariónica constitui 5% do Cosmos, os outros 95% são "obscuros". Daqui se conclui que o nosso Universo observável é um subproduto, e o produto principal é "escuro". Aqui está a presença iminente do novo e misterioso triângulo de entidades composto por mislions, tamnions e cordas (Fig. 34.). É atraente pensar nestes fenómenos exóticos. Para compreender e explicar logicamente tudo isto, é necessário desenvolver um novo compartimento contendo ADN ribossómico. A saber: porque nesta fase do desenvolvimento evolutivo não somos capazes de utilizar toda a capacidade do cérebro.

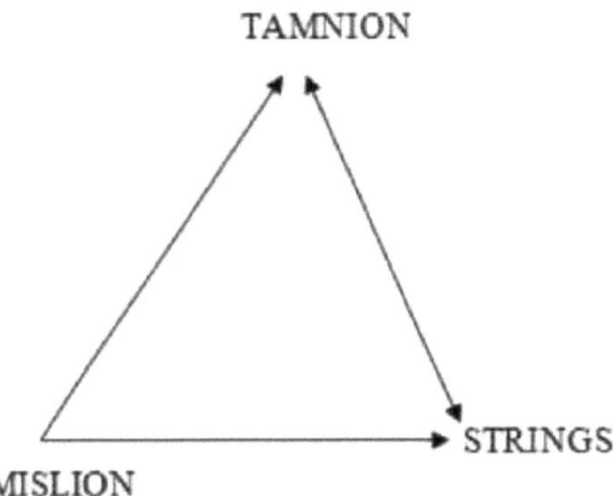

Fig. 34. Mislion' s influence on koino-(strings), and dark matter (tamnion). Todas as relações serão a base de futuras investigações.

7.1. REFERÊNCIAS

Alberts B., Bray D., Johnson A. (1998): Essential cell biology. Garland Publishing Inc.

Albiser G., Lamiri A., Premilat S. (2001): A transição A-B; efeitos da temperatura e da composição da base na hidratação do DNA. Int. J. Micromol., 28: 199-203.

Auffinger A., Westhof E. (2000): Ligação de água e iões em torno de oligómeros de ARN e ADN (C,G). J. Mol Biol, 300: 113-131.

Bing S. (2007): A mutação genética ligada à cognição é encontrada apenas em humanos. Science Daily.

Clarke R. (2009): Gene responsável pela fala humana. Genetic Research, 21.ª Reunião Anual da Sociedade Americana de Genética Humana, 20-24 de outubro, Honolulu, Havai, EUA.

Cairins J., Overbaugh J., Miller S. (1988): A origem dos mutantes. Nature, 335: 142-145.

Delbruck M., Timofeeff N.W., Zimmer K.G. (1935): Ges. Wiss. Gottingen. Nachr Biol, 1: 189.

Dokuchaev V.I. (2012): Vida dentro de buracos negros. J. Grav. Cosmol. 18: 65-69.

Einstein A., Podolsky B., Rosen N. (1935). "Pode a descrição quântico-mecânica de A realidade física pode ser considerada completa?". Phys. Rev., 47 (10): 777-780.

Heckman J.J. e Rey S-J. (2014). Gênese de bárions e matéria escura a partir de cordas fortemente acopladas. arXiv: 1102.5346v3 [hep-th] 24 de junho de 2011.

Mc Fadden J.J., Al K. (1999): Um modelo mecânico quântico de mutações adaptativas. Bio Systems, 50: 203-211.

Juyong L., Yang-Gyun K., Kyeong K., Chaok S. (2010): Transição entre B-DNA e DNA: paisagem de energia livre para a propagação da junção B-Z. J Physical Chemistry, 114 (30): 9872-9881.

Konopka G., Bomar J.M., Winden K., Coppola G., Jonsson Z.O., Gae F., Peng S.

(2009): Regulação transcricional específica para humanos dos genes de desenvolvimento do SNC FOXP2. Nature, 462: 213-217.
Lee K. C., Sprague M. R., Sussman B. J., Nunn J., Langford N. K., Jin X. M., Champion T., Michelberger P., Reim K. F., England D., Jaksch D., Walmsley I. A. (2011): "Emaranhando diamantes macroscópicos à temperatura ambiente". Science, 334 (6060): 1253-1256.
Massey R., Liliya Williams, Smit R. Et al. (2014). O comportamento da matéria escura associada a 4 galáxias do aglomerado de brigth no núcleo de 10 kpc de Abel 3827. Mon. Not. R. Astron. Soc. 000, 1-15. Impresso em 6 de fevereiro de 2015.
Naaman R. (2011): O DNA pode discernir entre dois estados quânticos. Science Daily.
Schrödinger E. (1944): What is Life? Cambridge University Press, Londres.
Schrödinger E., Born M. (1935). "Discussão das relações de probabilidade entre sistemas separados". Actas matemáticas da Sociedade Filosófica de Cambridge, 31 (4): 555-563.
Seiberg N., Witten E. (1994): Condensação de monopolos e confinamento na teoria de Yang-Mills supersimétrica N=2. Nucl. Phys. B., 426: 19.
Strauman N. (2000): On Pauli's invention of non-abelian Kaluza-Klein theory in 1953.
Stupar M., Vidovic V., Lukac D. (2011): Funções de sequências de DNA não-codificantes humanas. Arquivo de Oncologia, 19 (3-4): 81-85.
Stupar, M. Stefanovic Slavica, e Vidovic, V. 2015. Cordas, água e DNA unidos por mislion, resulta em vida. Em Progress in String Theory Research, Nova Publishing, editor Fred P. Davis.
Vasily O. (1997): Uma abordagem quântico-teórica do fenómeno das mutações diretas em bactérias (hipótese). Bio Systems, 43: 83-95.
Watson J.D., Crick F.H.C. (1953): Genetic implication of the structure of deohyribonucleic acid. Nature, 171: 964-969.

PERSPECTIVAS

Para decifrar as funções das sequências não codificantes do ADN, existem diferentes metodologias. O motivo da investigação nesta direção é a procura de provas indubitáveis da origem do mislion. Se, entre os 7.000 genes do genoma humano, existirem funções desconhecidas e o ADN não codificante funcionar como a via que codifica a "produção" do mislion, então o Universo é um produto do nosso cérebro. Caso contrário, teremos de procurar uma nova força exótica.

A modelação do genoma animal pode ser utilizada única e exclusivamente em benefício da ciência, para estudar a biologia do desenvolvimento, as funções do RNA não codificante (ncRNA), a hibridação DNA-RNA viral, o silenciamento da expressão do transgene, juntamente com a modificação epigenética e a função dos genes. Tudo isto com o objetivo de descobrir o papel da parte não codificante do ADN. A aplicação dos transposões, da integrase viral, da nuclease de dedo de zinco e da recombinase específica do local na elucidação de todo o genoma não é suficiente. Para este efeito, são propostos os vectores de livesome.

8.1. INTRODUÇÃO

É muito provável que existam alguns processos ainda desconhecidos nas células (Blankenship, 2001). Esta teoria baseia-se no facto de se desconhecer o papel de aproximadamente um terço dos genes sequenciados até à data. As técnicas modernas de biologia molecular devem ser capazes de ajudar a revelar estes processos. Entre elas, as mais interessantes são a aplicação de transposões, integrase viral, nuclease de dedo de zinco e recombinação específica do local A eficiência da aplicação da engenharia genética na produção animal contemporânea é muito baixa, atualmente apenas 1%. A principal razão do fracasso reside no facto de, até agora, ter sido dada pouca atenção aos efeitos da posição dos genes, bem como à fidelidade das numerosas polimerases de ADN activas nas células eucarióticas. Qualquer alteração nas sequências de ADN, através de inserções, deleções ou mutações nucleotídicas, afecta a estabilidade do genoma. Este facto é particularmente sentido na replicação do ADN, onde a transferência de informação para as moléculas é posta em causa. É necessário encontrar uma nova abordagem para ultrapassar estas barreiras. Existe uma forma única de resolver estas duas barreiras. Nos últimos anos, têm sido utilizadas a transposase da Bela Adormecida, a nuclease Zn-finger, a integrase lentiviral, a recombinase específica do local, etc. Talvez a solução resida na introdução do transgene em loci genómicos pré-determinados através da integrase φC31 específica do local no pronúcleo do animal alvo. No contexto da transgénese, é preferível falar de bioDNA, correspondente ao ADN do hospedeiro, e de labDNA, ADN construído artificialmente em laboratório.

Existem dois lados presentes nas diferentes modificações do genoma: o ADN estranho e o genoma do hospedeiro. Neste contexto, é preferível falar de bioDNA, que corresponde ao ácido desoxirribonucleico naturalmente evoluído (ADN do hospedeiro), e de labDNA, que corresponde ao ADN artificialmente construído em laboratório. O que pode ser feito e que construções são permitidas para que o labDNA sobreviva e continue nas gerações seguintes? O ADN estranho (labDNA), como qualquer outro ADN, contém uma energia vital que deve ser incorporada num genoma, caso contrário está condenado. Procura um lugar e uma forma de se incorporar para se replicar, transferir o seu material para a sua descendência, independentemente do que o estranho seja no sistema doméstico. Não será de estranhar que o sucesso da engenharia genética esteja, entre outras coisas, dependente da "evolução adaptativa" do labDNA. A capacidade é enorme, os melhores exemplos são o modo de evolução em rede dos vírus de ARN, ou seja, a adaptação a novas condições. Há novos genomas de vírus que se desenvolvem por recombinação entre grupos não relacionados de vírus de ARN e de ADN (Diemer e Stedman 2012).

A recombinação homóloga pode ser utilizada para modificar especificamente genes em células de mamíferos (Thomas e Cappecchi 1987; Smithies 2001.). Evans (2001) descobriu que era possível estabelecer culturas de células cromossomicamente normais diretamente a partir de embriões precoces de ratinho. Todos os genes presentes em qualquer genoma podem ser modificados por recombinação homóloga. Os genes podem ser selecionados em células em cultura e as células selecionadas são, na maioria dos casos, células estaminais embrionárias (CTE). Estes dois factos devem estar ligados entre si: por um lado, a recombinação homóloga genética e, por outro, as células ES. Estavam reunidas todas as condições para começar a produzir células estaminais embrionárias com alvo genético.

Para a inserção de ADN estranho, o efeito da posição do gene e a integridade do genoma são uma barreira para a eficiência da expressão adequada do transgene em causa. Os métodos predominantes utilizados para produzir animais de laboratório têm várias limitações: a integridade do genoma, o local de inserção e o número de cópias do transgene não podem ser controlados. A transgénese de cópia única pode ser esperada com retrovírus e transposões, mas o transgene é integrado em todo o genoma. Um dos melhores métodos em uso é a recombinase dirigida ao local, que pode ultrapassar estes dois obstáculos. Nos últimos anos, uma nova tecnologia, chamada microarray de ADN, tem atraído um enorme interesse entre os biólogos. Esta tecnologia promete monitorizar todo o genoma num único chip para que os investigadores possam ter uma melhor imagem das interações entre milhares de genes em simultâneo. Existem duas formas principais para a tecnologia de microarray de ADN: 1) Identificação da sequência (mutação de gene/gene); e 2) Determinação do nível de expressão (abundância) dos genes. O perfil de expressão genética baseado em microarray pode ser utilizado para identificar genes cuja expressão é alterada em resposta a agentes patogénicos ou outros organismos, comparando a expressão em células ou tecidos mutados com a de células ou tecidos não mutados. O microarray de

ADN, em combinação com o sistema de expressão proteómica, pode ser uma metodologia poderosa para a aplicação de SDM na seleção de genes (Marx 2000).

Efeito da posição do gene

O efeito de posição do gene e a preservação fiel da integridade do genoma constituem um enorme obstáculo ao êxito da seleção de genes. Foram efectuadas numerosas tentativas para ultrapassar estas barreiras biológicas. Nos eucariotas, uma proporção considerável do genoma é representada pela heterocromatina. O efeito da posição do gene reflecte-se em rearranjos e translocações de genes, em resultado das quais o gene pode ser integrado nas zonas activas dos cromossomas (eucromatina) para as zonas inactivas (heterocromatina) e tornar-se inativo. Existem heterocromatinas constitutivas e facultativas. A heterocromatina constitutiva está predominantemente posicionada nas regiões pericentroméricas e teloméricas, que são ricas em sequências repetitivas que consistem predominantemente em elementos transponíveis. A heterocromatina facultativa representa a eucromatina transitoriamente condensada e silenciada. Um dos exemplos é o cromossoma X inactivado nas fêmeas de mamíferos. O efeito da posição do gene pode causar perturbações na atividade de vários genes próximos da heterocromatina, a influência da heterocromatina é sempre na direção do gene eucromático mais próximo. Isto significa que é muito importante escolher a fase de divisão celular sincronizada para a inserção do gene de interesse. O gene não é necessariamente silenciado pelo efeito da heterocromatina, porque a heterocromatina não se espalhou por este gene no início do desenvolvimento, quando a heterocromatina se formou. Isto significa que o estado da atividade transcricional do gene é herdado, uma vez determinado pelo seu empacotamento na cromatina no embrião inicial.

Os genes podem ser integrados/transferidos das zonas activas dos cromossomas para a zona inativa e tornarem-se silenciados, e vice-versa. A reversibilidade do efeito de posição demonstra que uma determinada alteração genética se deve ao efeito de posição e não a uma mutação genética. A heterocromatina é activada ao ser transferida para a eucromatina e torna-se citologicamente indistinguível desta última. O efeito de posição do gene descreve também a variação do padrão de expressão exibido por transgenes idênticos inseridos em diferentes sequências de ADN. A diferença de expressão deve-se aos potenciadores vizinhos. Cada organismo transgénico tem potencial para um padrão de expressão único, uma vez que cada transgene tem uma localização diferente no genoma. Nos mamíferos, a inserção dos transgenes pode desencadear o silenciamento transcricional do transgene, a fim de proteger a estrutura dos cromossomas do hospedeiro.

Como resultado da sua colocação na vizinhança da heterocromatina por rearranjos cromossómicos, os genes eucromáticos tornam-se silenciados por aliados da transcrição. Estudos com o transgene hsp26 são um bom exemplo de silenciamento de genes por heterocromatização. Verificam-se alterações significativas na matriz nucleossómica, que passa de uma configuração aberta para um padrão regular, quando o transgene (hsp26) é silenciado por heterocromatização (Wallrath e Elgin 1995). Diferentes factores epigenéticos têm uma influência vital na expressão do labDNA do ponto de vista do efeito da posição do gene. Um dos mais importantes é a regulação da transcrição pela remodelação nucleossómica. As células utilizam várias formas de evitar a repressão da transcrição pelos nucleossomas. A replicação rompe parcialmente os nucleossomas pré-existentes e cria novo ADN, o que proporciona uma oportunidade para a ligação de novo de factores de transcrição antes da montagem de novos nucleossomas (Krude e Knippers 1991; Randall e Kelly 1992; Gasser *et al.*, 1996).

Transposões

O transposão é uma secção de ADN capaz de se integrar no ADN do hospedeiro. Os transposões de classe I "multiplicam-se e colam-se", enquanto os de classe II "cortam-se e colam-se". São utilizados quatro transposões bem conhecidos: FLP-FRT de duas espécies *de Saccharomyces*
microplasmídeos *de cerevisiae* (O'Gorman, 1991), Cre-lox do bacteriófago P1 (Sauer e Henderson, 1998), phiC31 de *Streptomyces* (Thorpe e Smith, 1998) e *piggyBac* de *Baculovirus* mutante (Fraser *et al.*,1996). O transposão Sleeping Beauty é um transposão de ADN sintético concebido para introduzir sequências de ADN definidas com precisão no genoma (Ivich, 1997). No processo de integração, a sequência TA é duplicada, sendo a duplicação uma caraterística distintiva da transposição. Nenhum dos transposões no genoma é autónomo, uma vez que não são funcionais nem podem mover-se por si próprios. Por conseguinte, as células hospedeiras possuem o(s) mecanismo(s) de regulação da atividade dos transposões.

O movimento dos segmentos de ADN, que resulta no rearranjo do ADN genómico, inicia-se quando a transposase forma um complexo sináptico diametral de ADN-proteína com as sequências terminais de ADN do transposão. Uma transposase codificada por um transposão reconhece as repetições terminais invertidas que flanqueiam um transposão e catalisa a transposição do elemento para o genoma. Os transposões encontram-se em muitos dos principais ramos da vida. Podem ter tido origem no último antepassado comum universal ou ter surgido de forma independente. Embora alguns transposões possam conferir benefícios aos seus hospedeiros, a maioria é considerada um parasita egoísta do ADN. As células defendem-se contra a proliferação de transposões através de piRNAs (piwot- interacting), siRNAs (small interfering) (Wei-Jen *et al.*, 2008) que silenciam os transposões depois de terem sido transcritos.

As células germinativas primordiais de galinha, por exemplo, resistem à modificação genética deliberada, provavelmente através do silenciamento dos genes introduzidos no genoma. A seleção para a integração do transgene no genoma das células germinativas primordiais de galinha (PGC) e a sequenciação dos locais de inserção revelaram que os transgenes se inseriam preferencialmente em regiões promotoras activas, o que implica que o silenciamento proibia a recuperação da inserção noutras regiões. Esta é uma das formas interessantes de a célula se libertar do transgene. Apesar da evidência de silenciamento transcricional em PGCs, foi também conseguido o direcionamento de um gene não expresso. As galinhas geneticamente modificadas servem de modelo para o estudo da biologia do desenvolvimento, como bioreactores para produtos terapêuticos, como modelo de resistência a doenças para melhorar a produção agrícola. Os resultados do estudo de McDonald *et al.* (2012) mostraram que as PGCs podem ser manipuladas de forma eficiente utilizando vectores de transposão. Eles usaram transposons piggyback e Tol2 para modificar PGCs de forma estável. O transposon Tol2 foi cinco vezes mais eficiente do que o transposon piggyback na modificação de PGCs de galinha. McDonald *et al.* (2012) demonstraram que, ao contrário dos outros, o DNA isolador, sequências que protegem regiões do DNA do silenciamento epigenético, não eram necessárias no transposon integrado para a expressão do transgene. As PGCs que contêm o transgene integrado foram capazes de colonizar a gónada de embriões hospedeiros e formar gâmetas funcionais que produzem descendentes transgénicos.

Após a transferência do gene da proteína fluorescente verde (GFP) *mediada por piggyBac* para PGCs de galinha, a galinha expressou GFP constantemente sem silenciamento do transgene (Park e Han, 2012). Esta galinha transgénica deverá tornar-se um importante contributo para a saúde, a ciência e a agricultura.

O artigo de Dafa'alla *et al.* (2006) aborda a questão do comportamento dos animais transgénicos na população selvagem. Quando os insectos transgénicos são libertados no ambiente, nenhuma inserção autónoma de transposão pode ser remobilizada por exposição à transposase de uma população selvagem. Foi desenvolvido um método para estabilizar a inserção do transposão através da excisão pós-integração de uma extremidade do transposão. Para o efeito, utilizaram a transposase piggyback, que não utiliza necessariamente um par disponível de sequências terminais adequadas. Para gerar uma inserção sem transposão, é utilizado um elemento composto com um domínio central flanqueado por dois elementos piggyback curtos e não autónomos. As inserções resultantes carecem de sequências de transposão e são, por conseguinte, impermeáveis à atividade da transposase.

Transposase da Bela Adormecida

O sistema de transposão Sleeping Beauty (SB) é um transposão de ADN sintético que foi construído para introduzir sequências de ADN definidas com precisão no genoma animal. A transposase SB insere um transposão no par de bases dinucleotídicas TA do genoma do hospedeiro. No processo de integração, o sítio TA é duplicado, e esta duplicação é uma caraterística da transposição. Todos os transposões identificados nos genomas dos mamíferos são não autónomos porque o gene da transposase não é funcional e é incapaz de gerar uma enzima que possa mobilizar o transposão. Isto significa que a célula hospedeira possui o mecanismo que regula a atividade da transposase.

A reconstrução da transposase SB baseou-se no conceito de que existiam genes de transposase primordiais encontrados em peixes que estiveram inactivos durante mais de 10 milhões de anos devido a mutações acumuladas. Foi prevista uma sequência de consenso ancestral putativa e, ao longo da década, foi aumentada a construção da SB, que contém todos os motivos necessários para a sua função (Ivics *et al.*, 1997). O transposão SB pode ser utilizado para transportar um transgene e elementos associados que conferem regulação da transcrição para expressão a um nível desejado num tecido específico. O transposão SB pode ser utilizado para descobrir a função de um novo gene, para entregar sequências de ADN, de modo a que o gene seja "eliminado". Os transposões SB combinam as vantagens dos vírus e dos plasmídeos.

A utilização de vectores não virais evita algumas das defesas que as células desenvolveram contra os vectores. A maior parte dos métodos de introdução de ADN no genoma utilizando plasmídeos apresenta alguns problemas. A absorção do plasmídeo nas células é difícil, a expressão dos transgénios a partir do plasmídeo é breve devido à resposta celular que influencia a expressão, devem ser evitadas integrações múltiplas que resultam numa expressão desligada dos transgénios, a utilização de plasmídeos é muito menos eficiente do que a utilização de vírus. A utilização de SB pode proporcionar níveis úteis de sucesso na expressão de transgénios em animais inteiros.

A estabilidade a longo prazo da inserção de labDNA pode ser testada quando os insectos, por exemplo, são libertados no ambiente. A população selvagem pode contaminar os organismos de laboratório com inserção exógena de transposase e transposão remobilizado. Dafa'alla et al. estabilizaram a inserção do transposão através da excisão pós-integração de todas as sequências de transposão do labDNA, tornando-o tão inerte à transposase como qualquer outro bioDNA. Espera-se que esta abordagem possa permitir que os insectos geneticamente modificados resistam à seleção natural.

Integrase lentiviral

Nos últimos anos, a aplicação de vectores lentivirais tem recebido grande atenção, incluindo a terapia genética, a geração de animais de laboratório e a entrega estável de moléculas de interferência de ARN. A principal razão para isso são as qualidades que os lentivírus possuem: - transduzir eficazmente células que não se dividem, ignorando o papel da replicação, - transportar grandes cargas genéticas, labDNA longo, - manter a expressão estável do labDNA a longo prazo. Foi desenvolvido um sistema de vestor retroviral baseado nos vírus HI que pode mediar a transferência estável de genes *in vivo* para muitos tipos de células. Até agora, o cérebro, o fígado, o músculo, as células estaminais hematopoiéticas e os neurónios terminalmente diferenciados foram transduzidos com sucesso com vectores lentivirais portadores de uma variedade de genes (Naldini *et al.*, 1996; Li e Ross 2005). Mas, uma sequência dentro do gene *pol*, contendo elementos estruturais associados ao progresso da transcrição reversa, também é necessária para a transferência de genes por lentivírus (Follenzi *et al.*, 2000). Uma vez que toda esta carga é carregada na célula, é apenas uma questão de tempo até que estes lentivírus se transformem em doenças virais. Mesmo quando Follenzi afirma: "A recuperação total desta etapa em vectores baseados em lentivírus melhora o desempenho da aplicação da terapia genética". Não devemos perder de vista a desenvoltura dos vírus (Diemer e Stedman 2012). Quando os retrovírus se integram no bioDNA, podem causar mutagénese de inserção. As consequências dependem inteiramente da localização no bioDNA onde o genoma viral está inserido; seja no gene, na região promotora, no gene repressor, no potenciador; levando a uma atividade celular alterada. Esta integração pode ser evitada utilizando vírus defeituosos, deixando o seu genoma como epissomas, livres no núcleo.

Um desafio fundamental para o labDNA baseado em vectores retrovirais e lentivirais é minimizar a mutagénese de inserção. Estudos *in vitro* demonstraram que os vectores lentivirais com deficiência de integração podem mediar uma transdução estável. A integrase liga-se à região de ligação (att) do LTR para catalisar a ligação covalente com o ADN celular. Cerca de metade do ADN proviral torna-se epissómico; as duas principais formas circulares epissómicas resultam da ausência de junção terminal homóloga e de replicação homóloga, o que constitui um potencial para a utilização de vírus emprestados não integrados. Os pontos quentes onde é aplicável a LV modificada podem ser observados no gene de sondagem viral (integrase) e nas regiões LTR. Os elementos de ADN *cis-activos* virais, a sequência central do trato urinário do pólipo (cppt) e o elemento pós-regulador da marmota (WPRE), estão incluídos na eficiência da transdução. O cppt é um pequeno fragmento de ADN no gene poll geralmente clonado a 5' da região promotora interna, ao passo que o WPRE é clonado a 3' do labDNA inserido, de modo a estar próximo do troço poli(A) na 3'-LTR (Park 2007). Outro plasmídeo de transferência LV importante é uma deleção de 400 pb na região U3 do 3'-LTR, que delibera a atividade do promotor 5'-LTR RNA poll II após a integração (Park e Kay, 2001). Por outro lado, existem sequências LTR como a 5'-LTR que actua como promotor do RNA poll II, a 3'-LTR actua para terminar a transcrição e promover a poliadenilação, e a sequência LTR que reconhece a sequência no bio ADN é necessária para a integração.

As alterações na LTR ou no gene pol através da introdução de combinações de mutações podem desativar a própria proteína integrase ou alterar a sequência de reconhecimento da integrase (att) na LTR viral.

Para ultrapassar o risco de mutagénese de inserção, é possível desenvolver vectores de LV não integrativos. Philippe *et al.* (2006) construíram um vetor de LV com integrase defeituosa através da substituição do motivo 262 RRK por AAH. Este vetor derivado permite uma expressão eficaz do labDNA em células em divisão e não em divisão in vitro. Estimaram que os vectores mutantes se integram 500-1250 vezes menos frequentemente do que os vectores de tipo selvagem e que se mantêm em estados epissomais. Deste modo, os vectores LV têm um grande potencial para ultrapassar a mutagénese de inserção e serem aplicáveis na transferência eficiente de labDNA em bioDNA.

Um dos vectores lentivirais interessantes são os vectores baseados no vírus da imunodeficiência símia. Os primatas não humanos são adequados para o estudo das funções cognitivas e das perturbações cerebrais. No entanto, as doenças humanas não ocorrem naturalmente nos macacos, pelo que são necessários animais transgénicos. Na sua experiência, Yuyu *et al.* (2010) produziram quatro bebés macacos rhesus a partir de quatro gestações únicas, dois dos quais expressaram EGFP (amplamente utilizado) em todo o corpo. Este é um sinal muito encorajador para a futura utilização de animais de laboratório na terapia génica.

Integrase viral

Os retrovírus são os únicos vírus animais que podem integrar-se no genoma do hospedeiro durante o ciclo celular normal com a ajuda da enzima integrase, que é codificada pelo gene *Pol*. A integrase liga as extremidades do cDNA viral ao ADN genómico em locais definidos. Os retrovírus estão sujeitos a modificações epigenéticas e, consequentemente, a sua expressão é desligada durante a embriogénese (Jaenisch, 1976) ou após o nascimento (Chan *et al.*, 1998). A investigação demonstrou que o ADN viral no estado epigenético pode ser transcrito (Wu e Marsh, 2003; Brussel e Sonigo, 2004). Por esta razão, foram desenvolvidos vários tipos diferentes de vírus com integrase defeituosa (Vargas *et al.*, 2004).

A injeção de embriões foi utilizada para gerar aves transgénicas através de vectores competentes em termos de replicação derivados do vírus da leucose aviária (ALV) (Salter *et al.*, 1993). Foram desenvolvidos e utilizados vectores com defeito de replicação do vírus da reticuloendoteliose (REV) e do ALV para produzir aves transgénicas (Bosselman *et al.*, 1989). As galinhas transgénicas que exprimem GFP são geradas e consistem no promotor de reforço CAGGS, que contém o promotor da beta-actina de galinha (Niwa *et al.*, 1991).

Nos últimos anos, a aplicação do sistema lentiviral tem vindo a ganhar importância na terapia génica, bem como na transferência estável de ARN de interferência. As principais razões para este facto residem nas vantagens que os lentivírus possuem: transdução eficiente de células que não se dividem, independência da replicação, transferência de grandes moléculas de ADN e manutenção da expressão do transgene a longo prazo. Um novo grupo de vectores foi derivado da classe dos retrovírus lentivírus (Naldini *et al.*, 1996). O padrão de expressão dos transgenes repórteres foi mantido na geração seguinte, o que sugere que a expressão do transgene não é silenciada. As galinhas transgénicas foram produzidas através da injeção de lentivírus portadores de um gene de interferão humano recombinante na blastoderme (Lillico *et al.,* 2007). Integridade do genoma

Dependendo do tipo de dano infligido à estrutura de dupla hélice do ADN, foram desenvolvidas várias estratégias de reparação para restaurar a informação perdida. Se possível, as células utilizam a cadeia complementar não modificada do ADN ou a cromátide irmã como modelo para recuperar a informação original. Sem acesso a um modelo, as células usam um mecanismo de recuperação propenso a erros, conhecido como síntese de tradução, como último recurso. Existem 5 famílias procarióticas conhecidas e 15 tipos eucarióticos de ADN polimerases com diferentes actividades de endo e exonuclease, que participam na fidelidade da replicação do ADN.

Os danos no ADN alteram a configuração espacial da hélice, e essas alterações podem ser detectadas pela célula. Uma vez localizado o dano, moléculas específicas de reparação do ADN ligam-se no local ou perto do local do dano, induzindo outras moléculas a ligarem-se e a formarem um complexo que permite a reparação efectiva.

ncRNA e integridade do genoma

Alguns ARN não codificantes (nc) são processados por DICER e DROSHA R nose para dar origem a pequenos ARN de cadeia dupla. Após a influência de ADN exógeno, a resposta a danos no ADN (DDR) é activada numa única quebra de cadeia dupla de ADN induzível (dsb). Para reparar este tipo de dano, pequenos RNAs dependentes de DICER e DROSHA (DDRNAs) actuam na localização genómica da quebra do DNA. Sem os DDRNAs, a célula não é alertada para as quebras de ADN e não reage para reparar os danos. Quase todo o genoma é transcrito em ARN, cujo transcriptoma é composto por muitos ARN não codificantes de baixa expressão. Todos estes ARN curtos de baixa expressão (20-25 nucleótidos) contribuem para regular a organização funcional e a expressão do genoma e, tal como no caso dos DDRNAs, a integridade do genoma.

Ao controlo do ADN, é dada uma nova dimensão pela descoberta de moléculas curtas de ARN não codificante (ncRNA) que asseguram a estabilidade do genoma (Francia *et al.,* 2012). Assim, para além da água e do ncRNA contribuem para a integridade do genoma. Existem várias classes de pequenos RNA: micro RNA (miRNA), pequenos RNA interferentes convencionais (siRNA) e RNA de fita simples (ssRNA). No que diz respeito à integridade do genoma, dois deles são de grande importância, o siRNA e o ssRNA. O siRNA de ~21 nucleótidos é produzido através da defesa contra ácidos nucleicos externos. O ssRNA é processado em ~27 nucleótidos de Piwi-interacting RNA (piRNA). É provável que o piRNA funcione como controlador principal dos elementos transponíveis (transposões).

Possibilidade de ultrapassar a integridade do genoma

Nuclease Zn-finger

As ZFN são outro arsenal que o labDNA utiliza para se integrar no bioDNA. As ZFN são uma das formas mais poderosas e indolores de alterar a estrutura do ADN sem grandes encargos para a integridade do genoma e os efeitos posicionais dos genes. A ZFN é uma enzima de restrição criada artificialmente, um composto de proteínas que se ligam ao ADN (*Cis2His2*) e a endonuclease *Fok I* (Kim *et al.,* 1996). O princípio é o seguinte: A ZFN provoca uma dupla quebra das cadeias de ADN (dsb) num local preciso. Esta rutura pode ser corrigida através da fusão "propensa a erros" de regiões não-homólogas (NHEJ) ou por recombinação homóloga (Lombardo *et al.,* 2007). A NHEJ pode causar a eliminação ou inserção de sequências curtas de ADN no local da dsb. A endonuclease de restrição *Fok I*, de *Flavobacterium okeanokoides*, tem um terminal N que se liga ao ADN (5, -GGATG: 3, -CATCC) e um terminal C que corta a primeira cadeia de ADN nove nucleótidos a jusante e corta a segunda cadeia 13 nucleótidos a montante do primeiro nucleótido da sequência que a enzima reconhece (G ou C) (Agarwal, 1998). Todo o complexo de ligação tem 18 pb de comprimento, o que é suficientemente longo para que as sequências de reconhecimento sejam únicas para cada genoma animal (Bibikova, 2001).

A transcription activator-like effector nuclease (TALEN) representa um modelo de nova geração para o estudo da genómica funcional. As galinhas não transgénicas são geneticamente modificadas sem a integração de qualquer ADN exógeno, através da mutação de turnos de ORF (Park *et al.,* 2014). ZFN e TALEN, ambos contêm o domínio de ligação ao ADN e a nuclease de restrição *Fok I*, adequados para a eliminação direcionada e alteração da função do gene analisado.

Recombinase específica do local

Desde a descoberta inicial de que a recombinase pode ser utilizada na engenharia genómica, a troca de cassetes mediada por recombinase, uma das tecnologias no domínio da genética inversa, tem vindo a assumir uma relevância crescente (Nawaz *et al.,* 2013). Para resolver eficazmente a inserção complexa de labDNA e evitar a influência epigenética, a tecnologia de recombinação específica do local entra em campo. As recombinases sítio-específicas são agrupadas em duas famílias: a recombinase de tirosina (como Cre, Flp) e a recombinase de serina (Tn3 resolvase, φC31, Bxb1, R4 integrase).

Um dos melhores exemplos é a φC31 integrase em ratinhos (Tasic *et al.,* 2010). Na sua experiência, a integrase ΦC31 (Fig.35.) foi utilizada para catalisar a recombinação entre um ou dois locais attB num labDNA com um ou mais locais attP em tandem que previamente inseriram em loci específicos no bioDNA de ratinhos. Através de injeção pronuclear, Tasic *et al.* (2010) receberam uma inserção de cópia única em loci cromossómicos pré-determinados com elevada eficiência (até 40%).

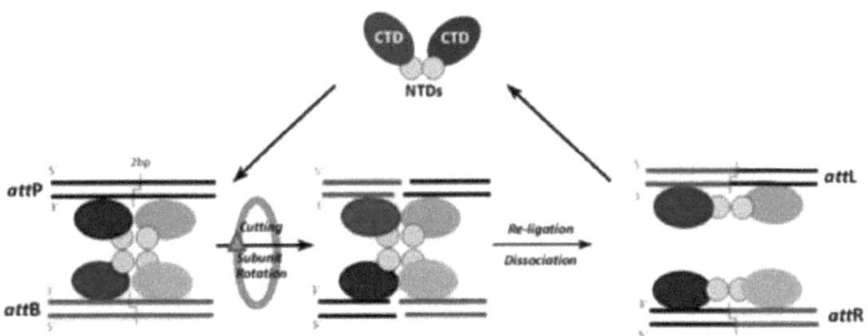

Fig. 35. Ação da integrase φC31 (do fago φC31), uma das recombinases Ser. A rotação da subunidade (180°) permite a troca de filamentos enquanto está covalentemente ligada à proteína parceira. A exposição intermédia de quebras de cadeia dupla comporta o risco de desencadear uma recombinação ilegítima e, por conseguinte, reacções secundárias. Neste caso, o complexo sináptico resulta da associação de dímeros de recombinase pré-formados com os respectivos sítios-alvo (CTD/NTD, domínio C-/N-terminal). No caso da Ser- recombinase, cada sítio contém dois braços, cada um acomodando um promotor. Como ambos os braços têm uma estrutura ligeiramente diferente, a via de recombinação converte dois sítios de substrato diferentes (attP e attB) em híbridos de sítios (attL e attR), o que explica a natureza irreversível desta via de recombinação específica, que só pode ser ultrapassada por "factores de direccionalidade da recombinação" auxiliares.

A recombinação Cre-lox é um instrumento muito importante para a manipulação genética. A recombinase Cre catalisa a recombinação recíproca sítio-específica entre dois sítios *loxP*. A sequência *loxP* é composta por um espaçador assimétrico de 8 pb flanqueado por repetições invertidas de 13 pb, e a proteína Cre liga-se à repetição de 13 pb, mediando a recombinação no espaçador de 8 pb.

Foi obtida uma experiência bem-sucedida com o sistema de excisão condicional *mediado por Cre/loxP* com anticorpos monoclonais conduzidos por um promotor de ovalbumina em células de oviduto de galinha (Oishi, 2011). Outra recombinase específica do local, a integrase *phiC31*, foi utilizada para modificar eficazmente os PGC de galinha (Leighton *et al.*, 2008). *A* integrase *phiC31* catalisa a recombinação específica do local entre os locais *attB* e *attP*. Também foram registadas frequências aumentadas de integração do transgene em sítios *attP* no genoma de PGCs de galinha, quando a integrase *phiC31* foi co-introduzida (Leighton *et al.*, 2008).

8.2. ANTECEDENTES

Para o estudo *in vivo* da expressão e da função dos genes na biologia do desenvolvimento, das funções dos ARN não codificantes (ARNc), da recombinação vírus-vírus, do silenciamento e da modificação epigenética, a galinha transgénica apresenta uma vantagem inestimável em relação a outros organismos. A principal vantagem do embrião de galinha é o fácil acesso a todas as fases de desenvolvimento através de novas técnicas. Outra possibilidade que torna a galinha adequada como modelo para a investigação científica é o facto de esta poder ser realizada *in vivo*, enquanto o embrião ainda está no ovo. Para a manipulação genética do embrião de aves, podem ser utilizadas três fases de desenvolvimento: 1) o ovo recentemente fertilizado, 2) o embrião em ovos recém postos e 3) embriões que atingiram cerca de dois dias de incubação.

Biologia do desenvolvimento

A sequência do genoma da galinha está agora disponível, o que oferece perspectivas promissoras para o futuro da investigação em biologia do desenvolvimento. O estudo molecular pode ser utilizado para compreender a evolução dos vertebrados. Testando as funções dos genes dos vertebrados, a origem das aves e dos mamíferos pode ser rastreada até uma espécie ancestral comum, há 300-350 milhões de anos. A utilização de galinhas transgénicas permite examinar a evolução das vias bioquímicas, dos seus genes e das famílias de genes. O modelo da galinha pode ser utilizado para elucidar a diferenciação celular, o desenvolvimento embrionário, a metamorfose, a regeneração, a apoptose, a determinação do sexo, etc. No entanto, o modelo aviário está muito bem caracterizado e utilizado para a biologia do desenvolvimento. Com a sequência do genoma em mãos, será uma excelente ferramenta para estudos futuros.

função do ncRNA

O desenvolvimento das galinhas não pode ser explicado apenas pelo número de genes. No entanto, um número significativo de RNAs longos não codificantes (lncRNAs) são regulados durante o desenvolvimento (Dinger *et al.,* 2008.), influenciando a RNA polimerase II, ou induzindo a remodelação e plasticidade da cromatina, histona metiltransferase, acetiltransferase. A hibridação dos transcritos sense e antisense pode permitir que a maquinaria Dicer gere siRNA, ou seja, o lncRNA pode ser processado para produzir um pequeno RNA de interferência (siRNA). A transcrição de ncRNA pode induzir a modificação de histonas, outro fator importante no silenciamento epigenético (Yu *et al.,* 2008; Cambiong *et al.,* 2007). O silenciamento de alguns genes pode ser evitado pelas proteínas Polycomb (Schmidt, 2005).

Com a transgénese em galinhas é possível estudar *in vivo* estes processos e elucidar a questão de saber se a plasticidade da cromatina ocorre devido ao ato de transcrição do ncRNA, ou se o ncRNA desempenha um papel ativo ao recrutar enzimas de remodelação da cromatina e de modificação das histonas, ou se o ncRNA pode desempenhar um papel desconhecido. É possível induzir a abertura da cromatina, mas com a administração de diferentes tipos de factores de transcrição do ADN. Também é possível estudar a abertura/silenciamento da cromatina dos genes, incluindo o ncRNA.

A aplicação potencial do embrião de galinha transgénico é a expressão de pequenos RNA de interferência (siRNA) para o estudo da supressão de genes. Por não terem

ORFs com mais de 50-100 AA, muitas delas são geralmente eliminadas da anotação de genes no Projeto Genoma Humano. No entanto, várias ORFs de 33 nt no gene tag da Drosophila são traduzidas em péptidos com 11 aa de comprimento que controlam a morfogénese durante o desenvolvimento da mosca (Pueyo e Couso, 2008.). Este pode ser também o caso do genoma da galinha. A galinha modificada pode ser utilizada como modelo para a geração de ncRNA longos nocaute para mostrar que não são "ruído" transcricional, mas são necessários para o desenvolvimento normal.

O embrião de galinha foi modificado por um vetor pEGFP-shRNA que exprime conjuntamente a proteína verde fluorescente melhorada e o ARN de cadeia curta (shRNA) para analisar o silenciamento dos genes in vivo (Dai *et al.* 2005). Este sistema de expressão dupla (EGFP-shRNA) abre uma nova possibilidade de estudar a regulação e a função dos genes. As enzimas de dsRNA Dicer produzem siRNA que induzem a sequência de silenciamento de genes específicos. O RNA curto (denominado micro RNA ou siRNA) liga a maquinaria de RNAi ao mecanismo de regulação genética do desenvolvimento (Ambros, 2004). O siRNA sintético pode ser concebido, com base na sequência do gene alvo, com hairpins que variam de 19 a 29 pb de comprimento para induzir a sequência de silenciamento de genes específicos e é utilizado em embriões de galinha. Deste modo, o embrião de galinha pode tornar-se um modelo para a genómica funcional in vivo.

O número de ncRNA é desconhecido. Estudos recentes sobre a transcrição sugerem a existência de milhares de ncRNA. Parece que todo o ADN é transcrito. Pensa-se que os ncRNA mais conservados são fósseis moleculares ou relíquias do genoma L.U.C.A e do mundo do RNA, especialmente aqueles com funções desconhecidas. Até agora ninguém conseguiu produzir os quatro nucleótidos a partir de um conjunto de materiais de partida simples. A ribose é difícil de formar em condições pré-bióticas, mas em vez de dependerem da ribose livre e das ribonucleobases, derivaram os ribonucleótidos completos a partir do gliceraldeído e do glicocaldeído (as moléculas mais pequenas consideradas como açúcares) (Powner *et al.,* 2009). Os cientistas ainda não conseguiram produzir os nucleótidos de purina (A e G) em condições pré-bióticas semelhantes. Os oligómeros curtos de ARN podem recombinar-se, reunindo diferentes unidades de ARN que constituem um repertório de catalisadores, e estes fragmentos de ARN podem ser reciclados e gerar um fornecimento (pool) de nucleótidos para a replicação e o crescimento exponencial de elementos genéticos (Hayden *et al.,* 2005). Para descobrir as causas das doenças, é necessário conhecer o papel de toda a parte não-codificante do ADN, bem como do transcriptoma não-codificante relevante. Porque as razões para a alteração do estado fisiológico-bioquímico da célula residem na parte não-codificante do ADN

Vírus híbridos ARN/ADN

Os vírus com genomas de ARN, que não passam por uma fase de ADN na sua reprodução, são os elementos genéticos mais simples, provavelmente reminiscentes do putativo mundo primordial do ARN. Os seus genes caraterísticos são a RNA polimerase dependente de RNA (RdRp), genes para proteínas do capsídeo, contendo as proteínas do domínio de ligação S7-RNA. Os vírus evoluíram através do rearranjo de segmentos genómicos, o genome shuffling. A RdRp foi derivada da transcriptase reversa. Num estudo recente (Bolduc *et al.*, 2012), os vírus de ARN de cadeia positiva podem ter existido previamente no antepassado arqueano dos eucariotas, o que constitui um bom momento para o aparecimento de vírus. Este vírus de ARN arqueano putativo foi isolado de nascentes geotérmicas quase em ebulição, dominadas por arqueas. Outra surpresa em termos de vírus vem do trabalho de Diemer e Stedman, que descobriram que o genoma viral resulta da recombinação entre grupos não relacionados de vírus de ARN e ADN. Neste vírus híbrido ARN-ADN (RDHV), o genoma está na forma de ADN e a maquinaria de replicação, enquanto o capsídeo é de origem viral ARN. Este modelo de evolução viral manifesta-se mais como uma rede do que como uma árvore. Juntamente com as descobertas inesperadas dos primeiros vírus de ARN putativos, arqueanos, e de um vírus híbrido ARN-ARN, podemos esperar outra grande surpresa no mundo dos vírus de ARN.

Quando o vírus H5N1 aviário atravessa a barreira das espécies e infecta os seres humanos, por exemplo, existe uma possibilidade de rearranjo entre o H5N1 e o vírus de influência humana. Neste caso, o rearranjo entre o H5N1 aviário e o vírus de influência humana restringe-se principalmente aos segmentos do gene da matriz (Stupar, 1981) e do gene da neuraminidase (Schrauwen *et al.*, 2013). Este sistema oferece uma forma de estudar as propriedades do vírus e/ou do hospedeiro necessárias para a adaptação ou a re-associação de vírus. Para estudar estes processos em galinhas transgénicas, é importante desenvolver galinhas modificadas que sejam geneticamente resistentes à infeção. Foi desenvolvida uma galinha transgénica que exprime um ARN de curto comprimento concebido para inibir e bloquear a influência da polimerase viral (Lyali *et al.* 2011).

A genética inversa pode ser utilizada para produzir vírus com uma composição genética diferente para estudar novos processos nas células. Para este efeito, a galinha transgénica com capacidade para suprimir a transmissão viral é um modelo de eleição. Recentemente, foi gerado um GMC que exprime um ARN curto em cadeia concebido para suprimir a transmissão A/V. Este ARN funciona como um chamariz que inibe a polimerase viral (Lyali *et al.*, 2011). Tudo isto, juntamente com a baixa complexidade da brancura do ovo, deverá facilitar uma investigação mais aprofundada.

Silenciamento com modificação epigenética

De um modo geral, foram identificados quatro tipos de vias epigenéticas: metilação do ADN, modificação das histonas, remodelação dos nucleossomas e via mediada por ARN não codificante. É importante dissecar a regulação epigenética durante a diferenciação através do rearranjo das sequências de ADN em galinhas transgénicas para abordar a memória epigenética e os mecanismos de silenciamento. O papel da metilação de CpG e da metilação de citosina na ausência de metilação do ADN dirigida por ARN pode ser investigado em galinhas modificadas. A via liga o mRNA alvo ao dsRNA através da RNA polimerase dependente de RNA activada por siRNA (Yamasaki *et al.* 2008). A cromatina silenciada transcricionalmente e o ADN subjacente na heterocromatina são frequentemente metilados, mas as histonas localizadas nas regiões de eucromatina são modificadas por acetilação. Com a transgénese orientada em galinhas, é possível elucidar as vias de metilação do ADN, de modificação das histonas e de formação da heterocromatina.

Pensa-se que todo o genoma humano, incluindo todo o ADN não codificante (nc), que compreende mais de 99% do genoma, é transcrito em ARN. Todo este "transcriptoma" é constituído por muitos ARN curtos, cujos níveis de transcrição são muito baixos. Alguns ncRNA, obtidos após tratamento com Dicer e DroshaRNAses, possuem cerca de 21 a 27 nucleótidos. A resposta de defesa do ADN (DDR) é activada no local da dupla quebra de ADN induzida. Para corrigir este tipo de erro, o Dicer e o Drosha-dependent small ncRNA (DDRNA) sinalizam uma alteração no ADN. Sem o DDRNA, a célula não é alertada para a quebra na cadeia de ADN, pelo que qualquer resposta à alteração induzida é silenciada. Presume-se que a maioria destes pequenos ncRNA regulam a organização funcional e a expressão genética, como no caso do DDRNA e da integridade do genoma. Para o ncRNA, um baixo nível de expressão não equivale a falta de função. O comprimento do ncRNA, 21 a 27 nucleótidos, corresponde a 7 a 9 aminoácidos, o que seria o comprimento normal de uma proteína progenitora primordial. Pode presumir-se que algumas destas famílias de pequenos ncRNA podem também ser copiadas em proteínas. A investigação sistemática neste sentido (ejeção de partes de sequências de ncDNA correspondentes a grandes famílias de pequenos RNA, ou seja, ncDNA knockout) deverá permitir-nos chegar a um mundo de RNA "restaurado". Assim, um esquema simplista poderia ser o seguinte: ncDNA → RNA curto → proteína. Uma questão a ser respondida é se existe um mecanismo para a síntese de proteínas com base em RNA sem codificação de DNA. Existia, como existe a síntese de proteínas sem ribossomas, a ligase de aminoácidos codificada com os genes *cofF*, *mptN* e a sintetase de péptidos não ribossómicos. Este seria um bom ponto de partida para a construção do livesome e para investigar o papel do ncDNA.

Os RNAs de cadeia dupla (dsRNA) e os seus produtos de pequenos RNAs "dicer" podem dirigir alterações na estrutura da cromatina de regiões do ADN com identidade de sequência. Tendo em conta que todo o ADN é transcrito, todas as suas regiões se sobrepõem aos pequenos RNAs, ou seja, todo o ADN está sujeito ao controlo do ARN, proporcionando assim o silenciamento transcricional da heterocromatina. Os gatilhos para a metilação do DNA dirigida por RNA podem vir de transposons, transgenes e vírus. O mecanismo deste processo pode ser investigado através de galinhas geneticamente modificadas (Mathieu e Bender, 2004).

8.3. VIVO

O êxito da criação de um modelo transgénico de galinha, para a investigação *in vivo* dos objectivos acima referidos, depende do método-vetor utilizado para introduzir novas sequências ou alterar as existentes. Todas as técnicas acima referidas são dispendiosas, demoradas, fastidiosas e ineficazes. Ao procurar desenvolver uma abordagem radicalmente nova para influenciar o genoma das aves, surgem algumas ideias. A tecnologia mais interessante, que poderia detetar o papel do ADN, *in vivo*, seria a biologia sintética e a nanotecnologia com híbridos de ADN-metal (microchipagem de ADN).

A construção de vectores de ADN originários do genoma do organismo visado e o rearranjo de sequências não transgénicas com diferentes regiões intragénicas é um modelo de escolha para o futuro desafio. O sistema baseado no vetor transposão-helitrão pode atuar em harmonia com o objetivo correspondente. Pode ser acedido para a previsão controlada do rearranjo do genoma por duplicação artificial de domínios, ou baralhamento da região existente, ou bloqueio de pequenas sequências codificadoras de ARN em ADN não codificante, ou influência da maquinaria de silenciamento epigenético, etc. Para ultrapassar a inserção aleatória das regiões intergénicas, tanto o vetor do transposão como o cromossoma têm de ser lascados. Esta é uma forma de controlar a reorganização do ADN, pelo que é possível guiar e imitar as alterações evolutivas no genoma.

Poderá ser possível sintetizar, através do Livesome, uma sequência com a função desejada. Um exemplo adequado é, como já vimos, a reconstrução do gene da transposase da Bela Adormecida. Com as instruções necessárias, o helitronRTM2 "chipado" poderia, através de varrimento e palpitação através do genoma, escolher e selecionar as sequências intragénicas desejadas.

O Livesome é um organelo hipotético sintetizado artificialmente que se encontra alojado no citoplasma das células ou no núcleo. O "escritório principal" que conduz a modificação do genoma está localizado dentro destes organelos. O helitronRTM2 pode ser colocado em vacúolos ou numa cápsula de alginato semi-permeável (Figura 35.).

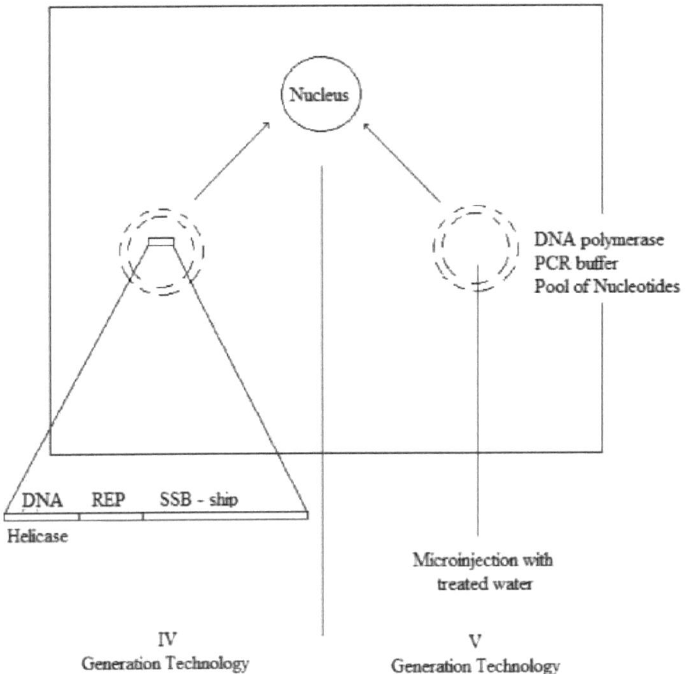

Fig. 35. Modelação do genoma utilizando a metodologia da próxima geração. Modelação do genoma utilizando a metodologia da próxima geração. Livesome I (no lado esquerdo) e Livesome II (no lado direito). A construção do L.I baseia-se no Helitrom RTM 2. O vetor contém a origem de replicação do círculo rolante (Rep), o domínio da DNA helicase, a região de ligação ssb-DNA e o DNA fragmentado com sequências de nucleótidos concebidas. A construção de L.II compreende a reação de PC dentro de vacúolos ligados à membrana, como um organelo separado dentro do núcleo da célula. Neste caso, os primers de PCR são lascados e as sequências no seu interior são armazenadas em "água tratada".

O ADN líder seria colocado dentro desses organelos artificiais, conforme necessário. Como é que este circuito vai funcionar? Suponhamos que o problema é resolvido com o híbrido ADN-Si/C- metal, ou seja, que o ADN foi fragmentado e que podemos orientar a reorganização das bio-sequências por controlo remoto. Agora, é possível aceder à previsão controlada da seleção de sequências genéticas através da duplicação artificial de domínios ou da sua baralhação, o que se assemelha a uma PCR sexual controlada *in vivo*. A evolução do genoma também envolve o rearranjo de genes existentes para melhorar a sua função ou produzir novos genes. A questão é que a própria célula reconstrói genes cujas propriedades são previstas, através de organelos recém-sintetizados.

Para construir o livesome, podemos escolher dois modelos: Modelo I: controlo remoto da mistura de ADN, e Modelo II: influência da PCR-mistura. O modelo I seria baseado no mecanismo de baralhamento de genes, modelo helitrónico RTM2. O ADN vivo deve conter a origem de replicação do círculo rolante (Rep) que cliva, transfere e liga o ADN de interesse. Quando a molécula de ADN ligante é adicionada a uma mistura específica de outro ADN, cria uma rede de ADN associado com sequências complementares. Esta capacidade do ADN e das estruturas inorgânicas seria um bom contributo para o desenvolvimento da nanotecnologia molecular. O momento mais adequado para o Livesome atuar seria durante a replicação, quando o ADN é de cadeia simples. Com as instruções necessárias, o helitronRTM2 lascado poderia percorrer a sequência de ADN do genoma, já preparada (algo semelhante aos locais de *ligação* com a integrase *phiC31*) e marcada nas extremidades de cada cromossoma, em busca de uma determinada sequência. A segunda parte é o domínio da DNA helicase. A modelação da parte de ligação ao ADN da Rep é a chave para o sucesso de toda a operação. Para este efeito, os microcromossomas de galinha podem também ser de grande importância como vetor de transferência.

O chipp eletromagnético pode ser guiado por controlo bio-remoto e monitorizado com um microscópio eletrónico de varrimento. Utilizando a análise de raios X por dispersão de energia, as nanopartículas podem ser identificadas *in vivo* num microscópio eletrónico com elevada resolução espacial (Lim *et al.,* 2006). Com a ajuda de um ligante, as sequências complementares podem ser encontradas e isoladas. Se o Livesome residir no interior de vacúolos, a sua lise pode ser programada, espalhando o Livesome pelo genoma em busca de sequências complementares e organizando-as na ordem desejada, com a ajuda da helitrona e da helicase.

Mas, tudo isto parece "dejavue", há algo de fascinante, de exótico? A resposta é afirmativa. Trata-se do modelo Livesome II. A investigação *in vivo* com embriões de galinha pode fornecer uma base adequada para futuros objectivos científicos.

8.4. REFERÊNCIAS

AMBROS, V. (2004). A função dos microRNAs animais. *Nature431*: 350-355.

BLANKENSHIP, R.E. (2001). Molecular evidence for the evolution of photosynthesis. *Trends in Plant Sciences6*: 4-6.

BOLDUC, B., SHAUGHNESSY, D.P., WOLF, Y.I., KOONIN, E.V., ROBERTO, F.F. e YOUNG, M. (2012). Identificação de novos vírus de RNA de cadeia positiva por análise metagenômica de fontes termais de Yellowstone dominadas por arquea. *Journal of Virology86*: 5562-5573.

BOSSELMAN, R.A., HSU,YAMASAKI R.Y., BOGGS, T., HU, S., BRUSZEWSKI, J., OU, S., KOZAR, L., MARIN, F., GREEN, C. e

BRUSSEL, A. e SONIGO, P. (2004). Evidência de expressão génica por espécies de ADN não integradas do vírus da imunodeficiência humana tipo I. *Journal of Virology78*: 1126311271.

CAMBIONG, J., IGLESIAS, N., FICKENTSCHER, C., DIEPPOIS, G. e STUTZ, F. (2007). A estabilização do ARN anti-sentido induz o silenciamento de genes transcricionais através da desacetilação de histonas em *S. cerevisiae. Cell131*: 706-717.

CHAN, A.W.S., HOMAN, E.J., BALLOU, L.U., BURNS, J.C. e BREMEL, D.R. (1998). Gado transgénico produzido por transferência de genes transcritos reversamente em oócitos. *Proceedings of the National Academy of Sciences95*: 14028-14033.

DAI, F.P., YUSUF, F., FARJAH, G.H. e BRAND-SABERI, B. (2005). Silenciamento direcionado induzido por RNA-I de genes de controlo do desenvolvimento durante a embriogénese da galinha. *Developmental Biology285*: 80-90.

DINGER, M.E., AMARAL, P.P., MERCER, T.R., PANG, K.C., BRUCE, S.J., GARDINER, B.B., ASKARIAN-AMIRI, M.E., RU, K., SOLDA, G. e SIMONS, C. (2008). Long noncoding RNAs in mouse embryonic stem cells pluripotency and differentiation. *Genome Research18*: 1433-1445.

FRASER, M.J., CLSZCZON, T., ELICK, T. e BAUSER, C. (1996). Excisão precisa dos transposões de lepidópteros específicos de TTAA piggyBac (IFP2) e tagalong (TFP3) do genoma do baculovírus em linhas celulares de duas espécies de Lepidoptera. *Biologia Molecular de Insectos 5:* 141-151.

HAYDEN, E.J., RILEY, C.A., BURTON, A.S. e LEHMAN, N. (2005). Construção dirigida por ARN de ribossomas de ligase estruturalmente complexos e activos através de recombinação. *RNA11*: 1678-1687.

JAENISCH, R. (1976). Integração da linha germinativa e transmissão mendeliana do vírus exógeno da moloneyleucemia. *Actas da Academia Nacional de Ciências73*: 1260-1264.

LEIGHTON, P.A., VAN DE LAVOIR, M.C. e DIAMOND, J.H. (2008). Genetic modification of primordial cells by gene trepping, gene targeting, and phiC31 integrase. *Journal of Reproduction and Development* 75: 1163-1175.
LILLICO, S.G., SHERMAN, A., MCGREW, J.M., ROBERTSON, C.D., SMITH, J., HASLAM, C., BARNARD, P., RADCLIFFE, P.A., MITROPHANOUS, K.A., ELLIOT, E.A. e SANG, H.M. (2007).Expressão específica do oviduto de duas proteínas terapêuticas em galinhas transgénicas. *Proceedings of the National Academy of Sciences104*: 17711776.
LIM, S.F., RIEHN, R., RYU, S.W., KHANARIAN, N., TUNG, C., TANK, D. e AUSTIN, R.H. (2006). Imagens in vivo e por microscópio eletrónico de varrimento de nanofósforo de conversão em Caenorhabditiselegans. *Nano Letters6*: 169-174.
LYALI, J., IRVINE, R.M., SHERMAN, A., MCKINLEY, T.J., NÚÑEZ, A., PURDIE, A., OUTTRIM, L., BROWN, I.H., ROLLESTON-SMITH, G., SANG, H. e TILEY, L. (2011). Supressão da transmissão da gripe aviária em galinhas geneticamente modificadas. *Science331*: 223-226.
MATHIEU, O. e BENDER, J. (2004). Metilação do ADN dirigida por ARN através de ARNi/siRNA. *Journal of Cell Science117*: 4881-4888.
Marx J. 2000. As matrizes de ADN revelam o cancro nas suas diversas formas. Science, 289, 1670-1672 (em New Focus).
NIWA, H., YAMAMURA, K. e MIYAZAKI, J. (1991). Seleção eficiente de transfectans de elevada expressão com um vetor não eucariótico. *Gene* 108: 193-199.
PARK, T.S. e HAN, J.Y. (2012). Uma transposição piggyBac para células germinativas primordiais é uma ferramenta eficiente para a transgénese em galinhas. *Proceedings of the National Academy of Sciences109*: 9337-9341.
PARK, T.S., LEE, H.J., KIM, K.H., KIM, J.S. e HAN, J.Y. (2014). Eliminação de genes direcionados em frango mediada por TALENs. *Proceedings of the National Academy of Sciences111*: 12716-12721.
POWNER, M.W., GERLAND, B. e SUTHERLAND, J.D. (2009). Síntese de ribonucleótidos de pirimidina activados em condições pré-bióticas plausíveis. *Nature459*: 239-242.
PUEYO, J.I. e COUSO, J.P. (2008). Os peptídeos Tarsal-less de 11 aminoácidos desencadeiam um sinal celular no desenvolvimento da perna de Drosophila. *Developmental Biology324*: 192201.
SALTER, D.W., PAYNE, W.S., CRITTENDEN, L.B., FEDERSPIEL, M.J., PETROPOULOS, C.J., BRADAC, J.A. e HUGHES, S. (1993). Retrovírus da leucose aviária e transferência de genes para o genoma aviário. Em Etches R.J. R.J. GibbinsA.M.V. (eds). Manipulation of the Avian Genome CRC Press. Boca Raton, 135-150.
SCHRAUWEN, J.A.E., BESTEBROER, T.M., RIMMELTZWAAN G.F.,

OSTERHAUS, A.D.M.E., FOUCHIER, R.A.M. e HERFST, S. (2013). O rearranjo entre o H5N1 aviário e os vírus da gripe humana restringe-se principalmente aos segmentos dos genes da matriz e da neuraminidase. *PLOS one8*: e59889 doi:10.13731/journal.pone.0059889.

STUPAR, M. (1981). Mapa de restrição do gene da matriz do vírus Influenca A. II *Congresso de Genética da Jugoslávia* 2: 62-63.

THORPE, H.M. e SMITH, M.C. (1998). Integração in vitro específica do local do ADN do bacteriófago catalisada por uma recombinase da família da resolvase/invertase. *Actas da Academia Nacional das Ciências95*: 5505-5510.

VARGAS, J., GUSELLA, G.L., NAJFELD, V., KLOTMAN, M.E. e CARA, A. (2004). Novos vectores lentiviraisepisomais com defeito de integrase para transferência de genes. *Human Gene Therapy15*: 361-372.

WU, Y. e MARSH, J.W. (2003). Transcrição precoce de ADN não integrado na infeção pelo vírus da imunodeficiência humana. *Journal of Virology77*: 10376-10382.

YAMASAKI, T., MIYASAKA, H. e OHAMA, T. (2008). Efeitos instáveis de RNAi através do silenciamento epigenético de um transgene de repetição invertida em *Chlamydomonasreinhardtii. Genetics180*: 1927-1944.

YU, W., GIUS, D., ONYANGO, P., MULDOON-JACOBS, K., KARP, J., FEINBERG, A.P. e CUI, H. (2008). Silenciamento epigenético do gene supressor de tumor p15 pelo seu RNA antisense. *Nature451*: 202-206.

Aggarwal, A.K., D.A.Wah, J.A. Hirsh, L.F. Dorner e I. Schildkraut, 1997. Estrutura da endonuclease multimodular Foki ligada ao ADN. *Nat.,* 388: 97-100.

Bibikova, M., M. Golic, K.G. Golic e D. Caroll, 2002. Clivagem cromossómica direcionada e mutagénese em Drosophila utilizando nucleases de dedo de zinco. *Genet.* 161: 1169-1175.

Dafa'alla, T.H., G.C. Condon, K.C. Condon, C.E. Philips, N.I. Morrison, L. Jin, M.J. Epton, G. Fu e L. Alphey, 2006. Inserções livres de transposão para a engenharia genética de insectos. *Nat. Biotech,* 24: 820-821.

Diemer, G.S. e M. Stedman, 2012. Um novo genoma de vírus descoberto em um ambiente extremo sugere recombinação entre grupos não relacionados de vírus de RNA e DNA. *Biolog. Dir.m* **7**:13.

Evans, M.J. 2001. O Rato Cultural. *Nat. Med.,* **7**: 1081-1083.

Follenzi, A., L.E. Ailles, S. Bakovic, A.M. e L. Naldini, 2000. Gene Transfer by Lentiviral Vectors is Limited by Nuclear Translocation and Rescued by HIV-1 *Pol* Sequences. *Nat. Genet.,* 25: 217-222.

Francia, S., F. Michelini, A. Saxena, D. Tang, M. De Hoon, V. Anelli, M. Mione, P. Carnici, D.D'Adda e F. Fagagna, 2012. Os produtos de RNA DICER e DROSHA específicos do local controlam a resposta a danos no DNA. *Nat.,* 488: 231-235.

Gasser, R., T. Koller e J.M. Sogo, 1996. A Estabilidade do Nucleossoma na Forquilha de Replicação. *J. Molec. Biolog.*, 3: 224-239.

Ivics, Z., P.B. Hackett, R.H. Plasterk e Z. Izsvák, 1997. "Reconstrução molecular da Bela Adormecida, um transposão do tipo Tc1 de peixe, e sua transposição em células humanas". *Cell,* 91: 501-510.

Kim, Y.G., J. Cha e S. Chandrasegaran, 1996. Enzimas de restrição híbridas: Fusão de dedo de zinco para domínio de clivagem Foki. *Proc. Nat. Acad. Sci.*, 93**:** 1156-1159.

Krude, T. e R. Knippers, 1991. Transferência de Nucleossomas da Cromatina Parental para a Cromatina Replicada. *Molec. Cell Genet,* 11: 6257-6267.

Li, M.J. e J.J. Ross, 2005. Entrega de vectores lentivirais de cassetes de expressão de ARN interferente pequeno recombinante. *Meth. Enzy,* 392: 218-226.

Lombardo, A., P. Genovese e C.M. Beausejour, 2007. Edição de genes em células estaminais humanas utilizando Nuclease de dedo de zinco e entrega de vetor lentiviral com defeito de integridade. *Nat. Biotech,* 25: 1298-1306.

McDonald, J., L. Taylor, A. Sherman, K. Kawakami, Y. Takahashi, H.M. Sang e M.J. Mcgrew, 2012. Modificação genética eficiente e transmissão da linha germinativa de células germinativas primordiais usando transposons Piggyback e Tol2. *Proc. Nat. Acad. Sci.*, 5: 1466-1472.

Nawaz A. M., S. Bushra, F. A. Sae, M. A. Zia e I. A. Khan, 2013. Diversidade genética em mutantes UAF *de Aspergillus niger* produtores de hiperglicose oxidase por meio de marcadores moleculares. *Int. J. Agric. Biol.*, 15: 362-366.

Naldini, L., U. Blomer, P. Gallay, D. Ory, R.Mulligan, F.H.Gage, I.M. Verma, e D. Trono, 1996. In Vivo Gene Delivery and Stable Transduction of Non-Dividing Cells by a Lentiviral Vectors. *Sci.,* 12: 263-267.

Park, F. 2007. Vectores Lentivirais: são eles o futuro da transgénese animal. *Physi. Genom.* 31: 159-173.

Park, F. e M.A. Kay, 2001. Vectores Lentivirais Modificados Baseados no HIV-1 Têm um Efeito na Eficiência da Transdução Viral e na Expressão Génica in Vitro e in Vivo. *Molec. Ther.,* 4: 164-173.

Phillipe, S., C. Sarkis, M. Barkats, C. Ladroue, C. Petit, J. Mallet e C. Serguera, 2006. Os Vectores Lentivirais com uma Integrese Defeituosa Permitem uma Expressão Transgénica Ofensiva e Sustentada in Vitro e in Vivo. *Proc. Nat. Acad. Sci.*, 103: 17684
17689.

Randall, S.K. e T.J. Kelly, 1992. O destino do nucleossoma parental durante a replicação do DNA do SV40. *J. Biolog. Che.,* 267: 14259-14265.

Sauer, B. e N. Henderson, 1998. Recombinação de DNA específica do local em células de mamíferos pela CRE Recombinase de Bacteriófago. *Proc. Nat. Acad. Sci.,* 85: 51665170.

Smithies, O., 2001. Quarenta anos de Recombinação Homóloga. *Nat. Med.* **7**:

10831086.
Stupar, M. Vidovic V. e Lukac, D. 2015. Jornada intracelular de DNA ribossômico e a nova organela ribossomal futura. Jornal Iraniano de Ciência e Tecnologia. 39A3: 267-272.
Stupar, M. Stefanovic Slavica, e Vidovic, V. 2016. Cordas, água e DNA unidos por mislion, resulta em vida. Em Progress in String Theory Research, Nova Publishing, editor Fred P. Davis.
Stupar, M., Vidovic, V. Lukac, D. Puaca N. Modelação do genoma da galinha em benefício da ciência. Worlds Poultry Research, Polónia, (aceite para publicação em 2016).
Tasic, B., S. Hippenmayer, C. Wang, M. Gamboa, H. Zong e Y. Chen-Tsai, 2010. Transgénese mediada por integrase específica do local em ratinhos através de injeção pronuclear. *Proc. Nat. Acad. Sci.*, 108: 7902-7907.
Thomas, K.R. e M.R. Capecchi, 1987. Mutagénese dirigida ao local por seleção em células estaminais derivadas de embriões de rato. *Cell,* 51: 503-512.
Wallrath, L. e S.C.R. Elgin, 1995. A variação do efeito de posição em Drosophila está associada a uma estrutura de cromatina alterada. *Gen. Dev.,* 9: 1263-1277.
Wei-Jen, C., O. Katsutomo, M. Raquel, C. Eric e I. La, 2008. "A interferência endógena de RNA fornece uma defesa somática contra transposons de Drosophila". *Cur. Biol.* 18: 795-802.
Yuyu, N., Y. Yang, A. Bernat, Y.Shihua, H.Xiechao, G. Xiangyu e C. Dongliang, 2010. Macacos Rhesus transgénicos produzidos por transferência de genes para embriões em fase inicial de clivagem utilizando um vetor baseado no vírus da imunodeficiência símia. *Proc. Nat. Acad. Sci.*, 107: 17663-17667.

Os principais protagonistas deste livro são os organelos de ADN celular, as cordas, a água, o ADN e uma presumível nova astropartícula - o "mislion". No capítulo 2. será discutida a nova hipótese da origem do núcleo e da mitocôndria. No capítulo 4. a origem da mitocôndria e dos plastídeos nas plantas, com base na existência do genoma mitoplastídeo como vestígio da evolução e duplicação do genoma das arqueas. No capítulo 5. foi previsto um novo compartimento ribossómico. O desenvolvimento de um novo organelo ribossómico e de uma célula cancerosa como resultado de uma evolução reversível (capítulo 3) é uma consequência da hipótese acima referida.
Os capítulos 6, 7 e 8 são uma tentativa de explicar a razão da nossa existência. O desenvolvimento da teoria das cordas abriu um capítulo completamente novo e a forma de pensar em que estamos a viver. A estreita ligação entre o ADN, a água e as cordas, bem como as suas propriedades, conduzem à ideia de que a alma é o abrigo dos nossos pensamentos. Para explicar o que está a acontecer no mundo do ADN, é preciso consultar a mutação adaptativa e a evolução quântica em Biologia. A escolha da superposição quântica correspondente, os multiversos quânticos, pode ser explicada pelo "mislion". Esta entidade não pode ser nem férmion nem bóson, mas algo terceiro, algo que faz a matéria escura e as cordas. Esta entidade pode ser chamada "**mislion**" (misliti = pensar).

Printed by Books on Demand GmbH, Norderstedt / Germany